尤里卡科学馆

四叶草真的能带来好运吗

植物的奥秘

尹传红 / 丛书主编

田代科 / 本册主编

田宇琪 / 本册插图

上海科技教育出版社

序

　　植物是人类生存和文明发展的物质基础，也是维持地球生态平衡的重要保障。正因有了多种多样的植物，我们的生活才变得更加丰富而精彩。习近平主席针对新时代的科普工作曾明确指出，"科技创新、科学普及是实现创新发展的两翼，要把科学普及放在与科技创新同等重要的位置。"作为一名植物学工作者，在认真做好植物研究工作的同时，积极参加一些植物科普教育活动，使公众对植物和大自然有更多的了解和兴趣，促进人与自然的和谐，也很有意义，也是服务社会发展和促进国家精神文明建设应尽的义务。

　　在植物科普教育方面，上海辰山植物园的科技工作者做了大量卓有成效的工作，并在全国产生了积极反响。他们不仅举办了很多富有意义的植物科普活动，还出版了大量高质量的植物科普著作。

　　当前，有关植物学术和科普方面的书籍已有很多，但是，除了《植物大百科全书》外，植物科普书籍往往是针对某一类植物，如山茶、木兰、梅花、牡丹、兰花、荷花、菊花等，根据植物分类单元来写；也有根据植物的用途来写，如观赏植物、粮食作物、香料植物、油料植物、蔬菜、水果等；还有根据生长环境分类来写的，如水生植物、湿地植物、干旱植物、沙漠植物、高山植物、热带植物等。本书则不同，作者团队独辟蹊径，围绕"植物的奥秘"，依次从"植物与环境""植物与动物""植物与人类""植物与文化""植物之最"五大主题入手，针对每个主题，精心选编十来篇代表性极强的文章，讲述一些人们最想知道的与植物相关的秘密和趣闻。阅读本书，仿佛周游迷人的植物王国，认识其中形形色色的植物，了解许多植物背后的故事，也领略丰富多彩、博大精深的植物文化。加上主编田代科博士在读初中的女儿田宇琪绘制的近 200 幅精美插图，使本书内容更添生动。本书不仅内容丰富、涵盖面广，还特色鲜明、排版优美，兼顾知识性、科学性、趣味性和实用性于一体，阅读起来颇有引人入胜之感。无论你是一名在校学生还是退休了的老人，也无论你是一位植物学家还是植物爱好者，这本书都值得拥有、慢慢品读。

因此，我很乐意为此书作序，并把此书郑重推荐给广大读者。同时，也希望大家在平常的工作和生活中多主动接触植物，了解植物更多的奥秘。我相信，你的生活必将因此而更精彩！

中国科学院院士

北京大学生命科学学院教授

2021 年 12 月 12 日

于北大

老家的小村寨被森林包围，在那里出生长大的我，几乎天天都在和植物打交道。小时候要么在林中玩捉迷藏；要么和小伙伴比谁爬树快；要么在林下采集美味的蘑菇、拾捡掉落在地上的板栗、油桐和油茶，拔扯竹笋和兰草；要么挖几株桃、李、梨、橘、柚等果树种植在屋子周围或菜园中。当然，我还常帮家里干点各种各样的农活……那是一段多么快乐幸福的时光！

1989 年我考上了湖南师范大学生物系，现已不记得当初为何选择了生物教育专业。但不管原因如何，结果满意就很不错。一直以来我为母校和生物系（现为生命科学学院）感到自豪，不仅因为她地处文化名山——岳麓山下，更因为母校优美的校园、严谨的学风、兢兢业业的老师们和培养出一大批杰出的人才。记得1996 年我在北京玉泉路中国科学院研究生院上研究生基础理论课时，得知母校被选入 211 工程重点建设大学名单，感到分外激动。

在湖南师大求学的四年中，虽然我对动植物都很感兴趣，但由于同动物组的沈猷慧教授和叶贻云副教授两位老师交往更多，除了参加规定的上山和下海动植物实习外，还参加过野外黑熊和鸟类调查，所以本科论文竟然同蛇有关：《湖南省蛇类的食性研究》。可是，1993 年大学毕业后我却又阴差阳错地留在了湖南师大生物系和湖南省生物研究所的植物标本馆工作。自此，我的学习深造和工作内容同植物分不开了。1996—1999 年，我在中国科学院昆明植物研究所攻读植物学硕士学位，2008 年获得美国奥本大学园艺学博士学位，期间在国内外工作、野外考察和博士毕业后的工作全同植物打交道。

正因为天天同植物打交道，我对植物的热爱不断加深，也就想了解更多植物方面的知识，并乐于同大家一道分享。然而，每次打开百度查阅信息时，其中混乱不清或低级错误的内容让人感到遗憾以至有点来气，甚至有投诉百度的想法。百度上的植物知识拼凑不全、图片经常错配（如把睡莲配荷花，桃花配梅花等）、信息没有及时更新（如把莲说成属于睡莲科）……显然，百度的生物类科普信息误导大众的地方太多，需要大力改进和提升，否则贻害无穷。由此可见，植物知识的科普必须要由专业人士来做才靠谱。植物科研人员出版的专著，其内容总体上是准确可信的，错误率很低。然而，写好一篇植物科普文章或一本专著不是一件容易的事情，这不仅需要扎实的基础知识、长期的植物知识和经验积累，还要具备对各种信息的准确筛选和判别真伪的能力。

2020 年初，上海科技教育出版社的同志联系我，希望我编写一本植物方面的科普书，我欣然答应了下来，因为觉得这是自己的一份社会责任。作为一名植物科学工作者，尽管平常的研究活动很忙，但觉得植物的科普教育也十分重要！于是我召集本单位几位年轻的植物学工作者，确定好书名和主题内容，每人根据各自专长分工撰写，当然也包括外单位的几位年轻人加入。为了锻炼学生，一些稍微简单的内容先分配给几个研究生，由他们撰写草稿，我审改完善。最让我兴奋的是，正在读初中的女儿从小喜欢绘画，已具备有较好的功底，并乐意为此书绘制插图。她的插图获得了出版社美编的认可，使得本书内容更显生动有趣，增强了图书的可读性。

本书以"植物的奥秘"为主题，从"植物与环境""植物与动物""植物与人类""植物与文化""植物之最"五大方面入手，各自包括约10篇文章，讲述一些人们最想知道的，与植物关联的秘密和趣闻。例如，植物是如何征服和适应各种恶劣环境从而走遍地球的？植物和动物的关系是敌人还是朋友？当植物遇到动物时，总会成为受伤的一方吗？当我们谈到植物和人类的关系时，你首先想到的是什么？植物文化的实质是人类同植物的关系深度密切化，带给人们更多的是宝贵的精神食粮。最后一章是"植物之最"，无论这些"之最"是否进入了吉尼斯纪录，那些植物中最高、最大、最小、最辣、最臭、最长寿的字眼一定会吸引你。

全球植物已知有近40万种，待考察发现的新种还有很多。植物如此丰富多彩，未知的秘密太多太多，小小的一册书只能触及其冰山一角。此外，由于人们对植物的认识还存在相当大的局限性，即使是我们都很熟悉的某种植物，对其秘密也只能敢说略知一二，尤其是微观的遗传信息和营养成分，更多未知需要人们不断地调查、研究和揭开。

本书主要参考植物学相关专著、文章和网络信息，尽管通过作者们的精心挑选甄别、去伪存真和整合，少数国外疑难物种鉴定也咨询了相关专家，为了避免植物中文名称混淆的可能性（尤其是不熟悉的国外种类），我们在书后附上了植物中文名及学名对照表，以便读者参考。但鉴于我们的水平有限，错误疏漏在所难免，希望读者发现后指正。

最后，特别感谢北京大学原校长、中国科学院原副院长、中国科学院院士许智宏先生对科普教育工作的一贯大力支持，百忙中欣然为此书作序。

2021年11月24日

于上海辰山

主要文字作者

田代科（dktian@cemps.ac.cn）

　　1968 年生，湖南龙山人，博士、研究员、博士生导师。中国科学院分子植物科学卓越创新中心辰山科学研究中心 / 上海辰山植物园课题组长，中国野生植物保护协会秋海棠专业委员会主任，国际荷花品种登录负责人。主持或参加 30 余项国内外科研项目，并热心参与植物多样性和保护方面的科普教育工作。发表论文 150 余篇，主参编专著 8 部，获专利 9 项，培育植物新品种 50 余个。实现我国荷花、虎耳草和秋海棠品种首次国际登录；创建了世界莲属资源圃、荷花和秋海棠国家种质资源库、国际荷花网和秋海棠在线等网站；牵头成立中国野生植物保护协会秋海棠专业委员会。

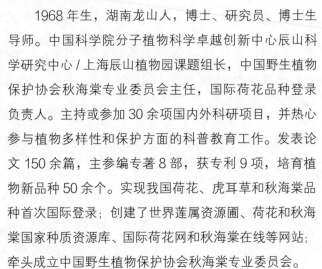

李晓晨（lixiaochen@csnbgsh.cn）

　　1991 年生，福建厦门人，硕士，助理工程师。目前供职于华东野生濒危资源植物保育中心、上海辰山植物标本馆，主要参与植物标本采集及引种、植物分类与鉴定的研究与教学。主持上海辰山植物标本馆数字化与共享、江西阳际峰国家级自然保护区植物采集等项目。

葛斌杰（gebinjie@csnbgsh.cn）

　　1983 年生，浙江余杭人，硕士，高级工程师。现任上海辰山植物园信息技术部副部长和标本馆馆长，主要负责植物标本馆的建设与运行。出版专著《华东植物区系维管植物多样性》《中国植物精细解剖》《中国东海近陆岛屿植物科属图志》，发表科研论文 24 篇。

郗旺（fengfeixue0219@163.com）

1987 年生，陕西西安人，博士，工程师。现于上海辰山植物园从事植物学研究及科普工作。目前已设计面向不同受众群体的课程近百个、研学线路十余条，并与科普团队创建辰山观鸟、辰山夜观等品牌活动。主持完成科普项目 4 项。著有《大嚼科学植物卷：大豆的 N 种死法》，并翻译《爱丽丝科学漫游记》。

钟鑫（zhongxin@csnbgsh.cn）

1989 年生，江西赣州人，硕士，工程师。现于上海辰山植物园从事植物系统学和形态学研究与教学、植物多样性和种质资源调查管理工作。主参编专著 4 部，发表学术论文 6 篇，为各种科普杂志撰写科普文章超过 40 篇。拍摄的多张照片在世界花园摄影大赛上获奖。

绘图者

田宇琪 /Olivia Iris Tian

2006 年生于美国阿拉巴马州奥本市，现就读于上海中学国际部，前就学于上海松江九峰实验学校。从小酷爱绘画和手工，擅长手绘和电脑制图。曾获 2020 年上海市松江区学生艺术单项比赛动漫画比赛（电脑类）初中组金奖，2017 年松江区教育系统电脑设计与制作活动一等奖，2016 年第五届上海市中小学生"我爱集邮"系列活动最佳设计奖和 2014 年上海市少年儿童"双有"主题教育活动——中国心世界眼儿童图文创作大赛二等奖等奖项。

目录

植物与环境

003　冰川边绽放：冰缘带的植物

007　风沙烈日之下：荒漠里的植物

011　海水再咸也不怕：红树

015　没有阳光也能生长：洞穴植物

019　漂洋过海来看你：栽培植物

023　漂洋过海来"害"你：入侵植物

028　盛宴和狂欢：雨林里的植物

032　能"死去活来"的植物：还魂草

036　植物体内的"小工厂"

040　太空归来后的华丽变身：太空育种植物

植物与动物

047　"健忘"的松鼠与幸存的松子

050　大眼睛与蓝种子：

旅人蕉与狐猴协同演化的故事

053　不断生长的绿色大厦

056　当心！"恶魔之爪"来了

059　欺骗雄蜂的兰花

062　交嘴雀与针叶树的矛与盾之战

065　会"怀孕"的植物：

榕属植物与榕小蜂的"高级"共生

069　桑寄生与啄花鸟的"百年好合"

073　鼠尾草的"跷跷板"

076　反杀动物的植物们

植物与人类

083　不远万里而来的美食：红薯

087　改变世界面貌的甜味之源：甘蔗

092　大米怎么变色了？

095　咖喱飘香：姜科植物

099　"令人厌恶"的薇甘菊

103　疟疾的克星：青蒿与青蒿素

106　奇妙的软黄金：棉花

110　世界油王：油棕

114　辛辣之王：辣椒

119　了不起的杂交稻

植物与文化

125　植物寓意知多少

129　那些代表国家形象的花卉

133　植物与佛教的关系

138　中国传统节日离不开的植物

142　三个原生于中国的国际和平使者:

　　　银杏、水杉、珙桐

147　四叶草真的能带来好运吗?

151　植物名字从哪儿来?

155　支撑着北京故宫的千根楠木

159　那些与花儿同名的歌

植物之最

165　世界上最高的植物

169　宰相肚里能撑船: 世界上最粗的树

173　地球上最长寿的植物

178　世界上最大和最小的花

183　海岛植物不流浪: 世界上最大的种子

186　寿命最短和最长的植物种子

190　谁是世界上最臭的花?

196　最大的食肉植物: 马来王猪笼草

198　栽培最广的活化石树

203　植物名称索引

植物与环境

5亿年前，地球上还没有植物。那时候，在蓝色的海洋之外，陆地上一片昏黄，所有的生命都生活在海洋里，往内陆稍微走远一些，生命就会干渴而死。终于，在大约4.7亿年前，陆地植物诞生并开始了伟大的登陆之旅。

那么，植物是怎样一步步地占领地球，把地球变成一颗绿色星球的呢？

因为过去很久很久了，我们无从知晓那是一场怎样残酷的战争，我们只知道结果——从那时起，地球在海的蔚蓝和沙漠内陆的昏黄之外，多了一点点绿色。这些陆地植物演化出了被称为"输导组织"的结构，用于获取与运输水分和营养；它们演化出了高度多样化的生殖方式，从海洋边缘开始直到占领整个陆地，并最终彻底改变了地球的气体组成和地表容貌，统御了这个星球的生态系统。今天的人类之所以能生存在地球上，都有赖于植物花费了4亿多年时间为我们改造过的地球环境：湿润的气候、适宜的温度，氧气占所有空气体积约21%——这些都是植物在挣扎生存时，献给这颗星球的特殊礼物。

在这一章里，我们就来看看属于植物的那些伟大征程，看看植物们是如何去征服、适应那些炎热的与寒冷的、湿润的与干燥的、幽暗的与光照强烈的、温和的与多变的气候与生境，阅读它们走遍这个星球上每个角落时留下的动人故事。

（钟鑫）

冰川边绽放：冰缘带的植物

钟 鑫

地球表面山峦起伏，自然界并不总是风和日丽。除了纬度变化之外，地势起伏影响了各地的气候，也给生活在不同环境的植物带去了考验。

地球上的陆地并不总是今天的样子。祖国西南部的青藏高原，曾是一片汪洋。大约在 6500 万—5500 万年前，印度板块靠近并撞上了欧亚板块，两个板块交接的地方崛起了世界上最雄壮的山脉——喜马拉雅山脉。喜马拉雅山脉的最高峰，就是我们熟知的珠穆朗玛峰。除了珠穆朗玛峰之外，在我们祖国的西部边陲，因为这一系列数千万年的挤压，产生了大大小小的许多雪山。它们终年覆盖着皑皑的白雪，一年一年堆积之下，积雪被压成了可以运动的巨大冰块，这就是冰川。在这些极寒冰川的边缘，生长着很多特殊的植物，它们有一个共同的名字——冰缘带植物。

高山和平原相比有很多不同之处，高海拔带来的第一个

变化就是空气变得稀薄，气温下降。根据科学家的计算，海拔每上升大约 1000 米，气温就要下降 6—7 摄氏度。在喜马拉雅山区，大约在海拔 4500 米高度，有些地方就到了终年积雪的雪线。植物要在此处生存，首先要抵御的就是低温。此外，在高山之巅，平常柔和的风也变得风速更快，更具破坏力。

大风和低温之下，很多植物变得更加低矮，比如平原上可以长到 30 米高的柳树，它有个居住在高山的亲戚——青藏垫柳，其身高不超过 5 厘米，是名符其实的"矮柳"！一些草本植物，紧贴地面生长，仿佛一张地垫，比

如一种叫作"垫状点地梅"的植物，整株植物长成了苔藓一般，只有在开花的时候才会露出真颜，如同落在草地上的花瓣。植物这种贴地生长、略显"卑微"的低矮形态，为的是不会被大风所破坏，也不容易被低温所冻伤。还有一些植物则有另外的"保暖神器"，比如一种叫作绵参的植物，长出了厚厚的绒毛，像被子一样，尽量保留白天所得微不足道的一点热量。

高海拔气候让冬天变得格外漫长，每年只有在夏天短暂的两三个月里，气温才足够高让植物能够生长、繁衍，因此高山上的植物很多采取"宿根"策略，每一年抓住短暂的宝贵生长期，在冬天来临前尽快把营养都转入地下根茎组织（根、块茎或鳞茎等），而地上部分死亡，直到来年甚至数年之

后盛放。有一种叫塔黄的奇特植物，它们在数年至数十年的生长期里，阔大的叶片平贴在高山碎石上，直到攒够了营养，在夏天长出两米高、如塔一般的巨大花序。这些花序被黄色的苞片包裹，如同一个个温室一样，在阳光下散发特殊的气味吸引昆虫传粉。有些昆虫常在塔黄的苞片中躲避风寒，这里简直成了昆虫的临时"避难所"。

高山上除了低温，还有强烈的紫外线。因此，高山植物的花很多颜色很深、格外艳丽，呈现蓝紫色，这样可以反射掉大部分紫外线，防止娇嫩的花瓣被过强的紫外线灼伤。同时，深色还能够更有效地吸收热量，提高开花时的温度，以吸引昆虫传粉。其中最著名的，就是被西方人称为"喜马拉雅蓝罂粟"的绿

绒蒿了，绿绒蒿蓝色丝绸般的花瓣，让无数人着迷。在过去，只有爬上海拔 3000 米以上的高山才能看到绿绒蒿，为了让更多人能够欣赏到绿绒蒿的美，经过园艺工作者们辛勤努力，如今已经有少数几种绿绒蒿可以在温室中绽放了。

寒冷高山之巅的特殊气候和生境，孕育出了世界上最美的花朵。大自然不仅提供了我们的衣食住行，更给予了我们美的享受。

风沙烈日之下：荒漠里的植物

钟　鑫

　　地球上并非每个地方都有充足的降水。在热带的内陆，以及靠近南北纬 30 度的大陆西岸，因为远离海洋，或者受地球自转、洋流等的影响，这些区域长期被下沉的高压气团所影响，降水很少或者极度不均匀，出现明显的雨季和旱季。在旱季时连续五六个月滴雨未落，在雨季时也常常只有一两场暴雨。这些地方，被称为荒漠或半荒漠地区。欧亚大陆中部和西南部，非洲的撒哈拉沙漠和纳米比亚沙漠、北美洲西南部，以及澳大利亚、南美洲西南部都有这样的荒漠。

　　荒漠里的植物要生存，缺水是第一大挑战。如果没有水，植物只能干渴而死。尽管如此，我们还是可以在这样干旱的条件下见到各种生命力顽强的植物，只是它们的形态与我们生活中常见的那些完全不同。

　　想象仙人掌的样子，那就是荒漠植物的典型形态。仙人掌的刺，其实是它退化的叶子。不像雨林里的植物大多有着

7

阔大的叶片，在荒漠里，大部分植物的叶子都缩小甚至退化消失。叶子缩小的最大好处是减少了气孔，气孔本是植物从外界吸收二氧化碳，放出氧气的"小门"，同时也是水分从植物体逃离的通道。湿润环境里的植物水分充足，通过开放气孔的蒸腾作用，把水运送到高处，但如果荒漠里的植物气孔开放，一旦水分被快速释放，那么植物很快就有缺水的危险。因此，在这样的环境中，叶片退化或者表面变厚实、气孔消失就成为了荒漠植物保持水分的第一招。

适应干旱的第二招，就是把自己的茎、叶或根部变得更加膨大，增加体积以储存更多的水分。仙人掌厚厚的绿色身躯，其实就是它的茎——它把进行光合作用、生产营养物质的"绿色工厂"全部从叶片搬到了茎里面。仙人掌的根会趁着荒漠难得的降水时间拼命吸收水分，储存在肥厚的茎里，以度过漫长的干旱时期。仙人掌有时能长得很高，在北美西南部的荒漠里，就有世界上最高大的仙人掌——巨人柱。最高的巨人柱甚至能长到 30 米，如同荒漠里的一座丰碑。

荒漠植物要生长，总得要开放气孔，吸收二氧化碳。叶子消失了，二氧化碳从哪里进来呢？别担心，仙人掌的气孔转移到了绿色的茎上，气孔只在晚上气温较低的时候打开，把二氧化碳放进来，到了白天气温升高，气孔又关得紧紧的。

荒漠植物储存水分的位置也不止只有茎，有一些植物，比如非洲的芦荟，美洲的龙舌兰（右图），以及亚洲的景天，会把水储存在肥厚的叶片里；还有的植物，比如非洲荒漠一种叫作"沙漠玫瑰"的夹竹桃科植物，以及

澳大利亚荒漠的瓶干树，会把水储存在茎靠近根部的地方，整个植物看上去像花瓶一样；非洲南部有一种叫作龟甲龙的薯蓣科植物，同样把水储存在靠近根部的位置，在干旱的时候地上有叶子的部分干脆都死亡，植物看上去和石头没什么区别，但雨季来临时，又会萌发出新芽。

在野外，植物除了要面对恶劣、缺水的生存环境，还会遭遇动物的取食。毕竟荒漠里极度缺水，这些多汁的植物组织对于动物而言就是很好的水源。但植物并不会坐以待毙，它们自有手段和动物对抗——比如仙人掌，退化的叶片成了

尖刺，取食的动物会被狠狠地还击；芦荟（左图）和龙舌兰的叶片边缘有各种样式的刺和倒钩。而一些生石花具有拟态本领，叶片长成了鹅卵石的样子，在石头遍地的荒漠，食草动物很难把它们认出来，可谓"道高一尺魔高一丈"。

还有一些荒漠植物，为了避开不利的环境，干脆把生命极端缩短，也被称为"短命植物"。比如在北美西南部荒漠里的毛沙铃花和醉蝶花的种子，会在一场暴雨之后的短短数周内，全部同时生长、开花，在龟裂的土地上形成极为壮观的紫色和黄色的花地毯，然后迅速结实、死去，把生命藏在种子里，度过漫长的干旱。

通过这一系列的策略，荒漠植物在烈日和风沙中生存了下来，成为了昏黄中一抹壮丽的生命风景。

海水再咸也不怕：红树

　　世界上的植物种类繁多、千姿百态，分布也十分广阔，不管在哪里都能看见它们的身影。有的从沙漠里开出花；有的在悬崖峭壁扎根；有的甚至不需要泥土，在水中也能发芽。植物的生命力是如此顽强，只要有一丝丝生存的可能，它便努力进化出各种适应周围环境的本领和生存策略。

　　这里要介绍的就是一种生长在海水里的植物——红树。

　　红树，民间称呼也叫鸡笼
答、五足驴，是一种红树科植
物，分布于我国广西、海南、
广东、福建、浙江、台湾、香港、
澳门等地，生长在海浪平静、
淤泥松软的浅海盐滩或者海湾
内的沼泽地。虽然叫红树，但
它们的树皮其实呈黑褐色，树

干上萌生支柱根深入到泥土中，抵御海浪的拍击。红树的耐盐本领十分强大，能在平均含盐量为 35‰的海水中正常生长。

一般的植物很难在高盐环境中生存，因为含盐量高会导致植物难以吸收外界水分，反而会失去自身水分，从而萎蔫而亡。但是红树却在这种环境中茁壮成长，海水和海泥分别就像是它的甘泉和沃土，滋养其健康生长。不仅红树这个物种，红树科植物的大多种类都有耐盐碱的本领。那么，它们究竟是如何在高盐环境中生存的呢？

原来红树植物在高盐环境中进化出一个秘密武器：盐腺。它是由红树植物的叶片或茎的表皮细胞分化而来，可以排出植物体内多余的盐分，维持一个适合红树植物生长的盐浓度，从而减轻盐分对植物造成的伤害。但并不是所有的红树植物都有盐腺，因此红树植物根据有无盐腺又分为泌盐红树植物和非泌盐红树植物。那么，没有盐腺的非泌盐红树植物又是如何对付高盐分环境的呢？原来它们也有自己的"独门秘技"，根系通过超滤手段隔离盐离子，拒绝其进入细胞，从而限制细胞内的盐含量，维持适当的盐浓度。非泌盐红树植物的拒盐效率可达到泌盐红树植物的 10 倍左右。

红树植物叶片的肉质化和革质化也是对高盐环境的一种防御手段：肉质化的叶片能够储存大量的水分，革质化则能够减少水分的蒸发，使植物体内盐浓度降低到不会对自己造成伤害的水平。

除此之外，红树植物还有一些其他的耐盐本领，例如根细胞的渗透调节作用。海水中的盐浓度高因此渗透压也相对较高，而植物细胞内渗透压较低，很难从海水中吸收水。面对这样的困境，红树植物十分聪明地选择增加自己细胞内的可溶性有机物，提高渗透压，从而吸收外界的水分。

在长期的进化中，红树植物从基因上改变了自己。通过耐盐基因的表达和调控，已经让红树植物完全适应了近海的高盐环境，因此海水再咸它们也不怕。

这些不怕咸的红树科植物在海岸边和其他科的一些耐盐植物一起形成了红树林。红树林的根系十分发达，能够抵御海浪的冲击保护海岸，因此红树林也有"消浪先锋"和"海浪卫士"的美称。1986 年，广西沿海发生了近百年未遇的特大风暴潮，合浦县 398 千米长海堤被海浪冲垮 294 千米，唯独那些堤外分布有红树林的堤坝幸免于难。2004 年 12 月 26 日，印度洋发生海啸，海啸袭向周边 12 个国家和地区，造成 23 万人死伤，而在印度泰米尔纳德邦的瑟纳尔索普渔村，距离海岸仅几十米的 172 户家庭正是靠着海岸上生长的茂密红树林幸运地躲过了这场灾难。

　　此外，红树林与其他生物和非生物组成的红树林湿地系统具有强大的净化功能。每公顷红树林年吸收氮 150—250千克、磷 10—20 千克，从而减轻了由于氮、磷含量过高引起的海水富营养化。因此，有红树林的海域就很少发生"赤潮"。红树林土壤中的多种微生物还能够分解污水中的有机物，吸收有毒的重金属，净化海洋环境。因此，有诗人赞美它们："红树林——根的迷宫，防浪护堤的铜墙铁壁，天然的污水净化厂，海洋生物的伊甸园。"

没有阳光也能生长：洞穴植物

唐世梅　田代科

　　我国是世界上石灰岩分布面积最大的国家，在西南地区和湘鄂川黔交界的地区，由于石灰岩的溶蚀，分布着不计其数的洞穴。提起洞穴，你可能会自然联想到它们阴暗的环境、因碳酸钙长期沉积而形成千姿百态的美丽钟乳石、古时候居住在山洞里的原始人类、蝙蝠以及洞穴暗河中没有视觉只能依赖听觉和触觉生存的盲鱼。但难以想象，在这样一个通常阴暗潮湿的环境里，却生活着一类十分特殊的植物类群，它们是自然界顽强生命力的象征，它们就是洞穴植物。

　　你可能会纳闷，课本上不是明明说"万物生长靠太阳"吗？植物是怎样来到这些黑暗的洞穴里繁殖和茁壮生长的呢？科学家调查发现，洞穴里的植物来到这里的主要方式是洞口的大气对流、地下水的搬运以及动物和游客的携带，外界植物的孢子、种子因此被带入洞穴，在这里遇到湿润的土壤就会萌发生长。与洞穴动物不同，由于植物必须要依赖阳光生存，因此严格意义上无需光照的洞穴植物并不存在。当你进入溶洞深处，到了伸手不见五指、必须借助手电筒等光源才能行走的地方，是根本见不到任何植物的。实际上，洞穴中的植物同洞穴外密林下生长的植物并没有本质区别，因此，洞穴植物应该换个名字——弱光带植物，才更科学，也才真正体现这一特殊植物类群的特征。

　　如何适应环境是植物不得不面对的生存问题。一般来说，洞穴环境是一个温度相对恒定、湿度相对较大、无直射阳光、光照强度弱的特殊环境。在如此极端的环境下，这些物种如何经受考验、在"黑暗"中生存下来？那里会有怎样神奇的植物呢？让我们一起进入洞穴，去探索这些"绿色精灵"的生存之道吧！

　　去过溶洞的小朋友可能知道，洞里最多的一类植物往往是蕨类。很多人吃过蕨菜，却并不一定了解蕨类植物。蕨类植物亦称羊齿类，是一类很古老的植物。它们起源于约 4.3 亿年前，是煤炭、天然气形成的重要来源。目前全球有 12 000 多种蕨类，除桫椤（又叫树蕨）等稀世木本外，绝大多数为草本植物。我国约有 2600 多种蕨类，主要分布在南方，不同种类有特定的生长环境。远古年代，蕨类是恐龙等大型动物的食物，今天，蕨类仍然在为人类服务，例如涵养地表水土，指示特定环境等。

同时有些种类是很好的观赏植物，如鹿角蕨、肾蕨、鸟巢蕨、金毛狗脊、桫椤等。洞穴内的蕨类植物种质资源丰富，多为典型的喜钙性物种，而石灰岩的主要成分为碳酸钙。蕨类植物不能开花结实，靠叶背面产生的孢子繁殖，受精过程离不开水，对阴湿环境的适应能力强，因此靠着微弱的光源"夹缝求生"的蕨类植物，成了洞穴中当之无愧的"绿色精灵"。

秋海棠也是洞穴"居民"之一。秋海棠是世界上多样性最丰富的植物类群之一，全球已发现2100多种。它们往往喜欢阴凉湿润的环境，由此不难理解一些种类的秋海棠为何能在洞穴中生存。我国秋海棠植物已发现260多种，为全球该属种类数量最多的国家。经调查发现，在广西和云南的洞穴中就有20多种秋海棠，约占国产秋海棠种类的10%，个别还是洞穴特有种，如刺盾叶秋海棠。

一些秋海棠长期适应生长于阴暗的环境，叶片会呈迷人的宝石蓝色，反射蓝光，因此成为人们追捧的观赏植物。为什么这些秋海棠的叶色是蓝色呢？原来，在这些种类叶片的表皮细胞中，有一类特殊的叶绿体，称为虹彩体，它们3至4层为一组交替堆叠，这种规则的结构对波长435—500纳米的蓝绿光有较强的反射能力，使得秋

海棠的叶片呈现蓝色。

虹彩体反射蓝光的同时，又加强了对波长更长的绿光和红光的吸收利用，从而在弱光条件下大大提高了植物光合作用的效率。可以说，秋海棠的蓝叶现象，正是对雨林底层和洞穴等弱光环境长期适应的结果。

当我们对洞穴植物及其在弱光下的生存本领有了一定了解后，再谈谈洞穴植物的生存现状和保护。研究表明洞穴不仅会受到岩溶破坏、灾难性毁林引发荒漠化的威胁，还会受到人为活动的干扰。人为活动主要来自旅游业、农业和矿产开发。我国科学家对广西 61 个喀斯特洞穴的生境进行调查后发现，超过半数的洞穴受到了人为活动的干扰。许多洞穴植物繁殖潜力低，种群规模小，生境脆弱，一旦环境破坏它们就很容易灭绝。因此，加强对天然洞穴的保护十分重要。

这些生长在洞穴中的"绿色精灵"，它们的未来将走向何方？更多取决于我们人类的行动！

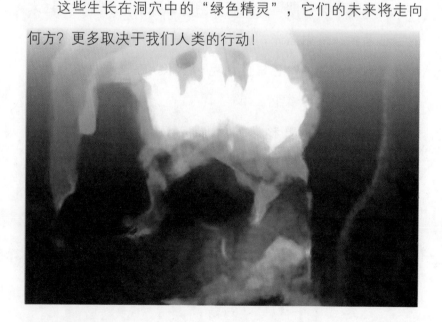

漂洋过海来看你：栽培植物

严 靖

当你吃着拉面、喝着咖啡、嗑着瓜子的时候，有没有想过这些食物是由哪些植物制成的呢？有没有思考过这些植物家乡是哪里？

在我们的日常生活中，有非常多常见的植物其实都不是中国土生土长的，而是漂洋过海而来的。例如，西瓜来自非洲，小麦来自西亚，番杏来自大洋洲，开心果来自中亚，向日葵来自北美洲，甘薯来自南美洲……这些植物在不同的时期通过不同的途径传入中国，它们经历了不同的故事，最终殊途同归，成为我们喜爱的朋友，有的甚至已变得不可或缺。

西汉时期张骞奉汉武帝之命出使西域，打通了汉朝通往西域的道路，他让紫苜蓿、葡萄、石榴等诸多异域物产进入中国的可能性大大提高，而且大多都有史料记载。但这些都是陆路上的交流，跨洋的怎么办呢？美洲与亚洲之间隔着太平洋，与欧洲和非洲之间隔着大西洋，来自美洲的植物望着远隔重洋的中国，也只能是望洋兴叹了。

然而，在 15 世纪末到 16 世纪初，事情发生了改变，不可能成为了可能。伟大的航海家哥伦布率领他的舰队成员登上了美洲大陆，第一次将这块大陆介绍给了世人，后续追随者络绎不绝。原本生长在美洲的植物在这场轰轰烈烈的大航海活动中传播到世界各地。甘薯、玉米、马铃薯、花生、辣椒、番茄、菠萝、可可……这些人类的好朋友在全球非常迅速地传播，人们从中看到了它们无比巨大的价值。

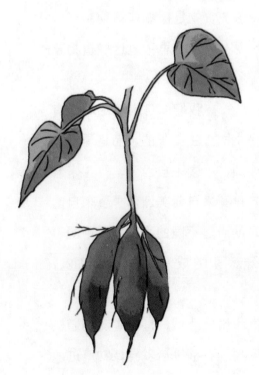

原本各自生长于自己家乡的植物，随着人类的迁移开启了它们环游世界的旅程，我们可以将这个现象称为"植物大移民"。甘薯就是其中著名的移民之一，它又叫番薯、地瓜、红薯。

明朝末年，甘薯被一个福建商人通过一个巧妙的方式从菲律宾带到了中国，这个人叫陈振龙。当时，在菲律宾殖民的西班牙政府不许甘薯出口，陈振龙设法将甘薯藤缠在绳索上，再将绳索装进他装其他商品的筐里。海关人员检查时没发现，甘薯就这样来到了中国。引进时，福建正值饥荒，甘薯传入后得到大力推广。在漳州月港附近一度有多达 80% 的百姓靠吃甘薯维持生存。

与此同时，另外一种重要的植物也被引入，它就是玉米，这种原产于美洲的植物也是在明朝末年传入的。玉米可以在十分贫瘠的土壤中生根发芽、快速生长，正好适合山区的环境。然而砍伐森林、开垦高山带来的还有一系列长期的灾难性后果：水土流失加剧、洪涝灾害频发。

在当时那个战火纷飞的年代，人们的要求只是吃饱肚子，对于为了求生而不懈努力的先辈们，我们又怎么能过分苛责呢？

除了这些重要的粮食作物以外，还有许许多多的观赏植物也在那个时期来到了中国，比如仙人掌、紫茉莉和含羞草。其中紫茉莉可以说是最受人民群众欢迎的花卉了，"斜阳墙角疑铺锦，红黄紫白交相映"描写的就是紫茉莉，"野意饶媚娟"的它让人倍感亲切。出于喜爱，古往今来的人们为它取了许多

亲切的昵称：粉豆花、地雷花、晚饭花、洗澡花、夜娇娇、野丁香、指甲花、状元红、胭脂花……

　　紫茉莉的国际通用名之一为：Marvel of Peru，翻译过来就是"秘鲁奇迹"，至于"紫茉莉"一名，出现在明代中晚期，由明代陈继儒编订的《重订增补陶朱公致富全书》卷二《花部》写道："紫茉莉，一名状元红。春间下子，花紫叶繁，早开午收。"来自南美洲的紫茉莉就这样绽放在中华大地上，它用红色、黄色、橙色、紫色、白色的花朵，或形成镶嵌色、条纹色和洒锦色的组合，装点着我们的村庄和城市。

漂洋过海来"害"你：入侵植物

严 靖

　　有的植物，千里迢迢而来，为我们带来美食与美景，然而，植物界中还存在着另外一些植物，它们有的跨越高山、有的远渡重洋，不远万里来到中国，却在不经意间给人们制造麻烦。这个群体被称为"外来入侵植物"。毒麦来自欧洲，它的果实混在小麦里，若误食会引起食物中毒；豚草来自北美洲，它的花粉在秋天随风飘散，是造成花粉过敏的元凶；紫茎泽兰来自墨西哥，它具有强大的繁殖能力和侵占能力，在中国的西南地区造成了重大的生态灾害……

　　当然，这样的事不止在中国发生，当人们在享受着全球物种大交换带来的各种便利的同时，也正面临着外来物种入侵的威胁。原产于中、日等国的葛，其块根可作食物，花也很美丽，但作为观赏植物引种到美国后到处疯长，大量覆盖在其他植物上，给当地造成了严重的生态灾难，被称为美国第一大入侵植物。原产于中国的乌桕被誉为"天堂红叶"，让无数摄影爱好者心向往之，然而它却在美国引发了生态危机，向日葵、大花须芒草等"原住民"被纷纷赶走，大片的草原变成了只有乌桕的森林，破坏了当地的生态平衡。

生态灾难爆发所造成的损失无法用金钱来衡量，再多的钱也无法将已破坏的生态恢复如初。

同样的故事在阿根廷、澳大利亚和新西兰也在上演着，不过这次的主角换成了女贞。李时珍在夸奖女贞时说："此木凌冬青翠，有贞守之操。"可就是这个"有贞守之操"的女贞树到达阿根廷之后，变得一发不可收拾，之后发生的故事和乌桕在美国的情况很相似——辽阔的阿根廷潘帕斯草原上也出现了女贞的身影。更可怕的是，它还会入侵当地的森林，进而鸠占鹊巢、取而代之。1950年左右，女贞进入澳大利亚和新西兰，迅速在两地扎根，与当地"原住民"争夺生存资源。

对我们而言，如果说西瓜和小麦们是"天使"，那么毒麦和豚草们就是"魔鬼"了。那么这些天使和魔鬼是怎么来到中国的呢？它

们来到中国之后又发生了什么呢？在回答这些问题之前，我们先来看几个故事。

19世纪末，来自南美洲的空心莲子草漂洋过海进入了中国。起初，它被用作牲畜的饲料，后来却大量繁殖，成为2003年中国环保总局公布的"中国第一批外来入侵物种"之一。世界上超过30个国家将它列入了入侵物种黑名单。

空心莲子草又叫水花生、革命草。在它进入中国的最初几十年内，因为它可以喂猪、喂羊，受到了广大人民群众的欢迎。20世纪60—70年代，在嘉兴地区，可用水面的80%都有它的身影。它也叫喜旱莲子草，然而它一点也不喜旱，只不过在旱地上一样能够正常生长，可以说是水陆两栖。空心莲子草还具有强大的无性繁殖能力，不用依靠种子，仅仅依赖它发达的根系和繁茂的茎叶就能繁衍后代：它的主茎可以沿着陆地或水面无限延长，在茎的每个节上可以生长出许多的芽，这些芽将来又是一棵新的植株。

空心莲子草凭借着这种超强的适应新环境的能力以及强大的繁殖力和竞争力，在进入中国几十年后几乎征服了全国，成为我们在路边、池塘以及农田里最常见的杂草之一。它覆盖水面，堵塞航道，影响人类水上经济活动，还会危害农田，降低作物产量。空心莲子草聚集的地方会滋生蚊蝇，危害人畜健康，还会入侵公园，破坏城市景观，并且排挤其他植物，破坏生态环境。俨然一个"臭名昭著"的"恶棍"！

还有我们都很熟悉的凤眼蓝，它还有个更著名的名字——水葫芦。1884年，原产于南美洲的凤眼蓝首次出现在美国路易斯安那州的新奥尔良棉花博览会上，被喻为"美化世界的淡紫色花冠"，并被分发给与会者，从那时起，水葫芦开始在世界扩散。

1901年，凤眼蓝作为观赏植物从日本东京被带到中国台湾。1950—1970年，在我国粮食极度短缺的时期，农民种植凤眼蓝来喂猪和鸭子，随后它被作为饲料大面积推广，放养于南方的水塘湖泊，凤眼蓝借机扩散到长江流域并继续向北扩散。20世纪80年代以来，由于饲料来源增多，凤眼蓝不再被当作主要饲料，凤眼蓝从管控的小池塘进入河流和湖泊，导致了严重的农业和生态问题，成为一个从"人间天使"

到"生态恶魔"的典型例子。

这样的故事还有很多，比如来自美洲的加拿大一枝黄花（右下图）、一年蓬、互花米草等，在中国都造成了严重的危害。其中有很多入侵植物都是人们有意引入，当初并不知道它们可能带来危害，后来因为管理不善而导致入侵灾难发生。政府主管部门要做的自然是加强检验检疫，更重要的是，我们作为社会一员也要加强生物安全意识，自觉不引进有害生物，从源头上杜绝有害生物进入我国。另外，我们在种植一些外来观赏植物（尤其是水生植物）时一定要留心，不能随意丢弃。加强植物知识学习，了解各种植物的潜在危害也十分重要。

盛宴和狂欢：雨林里的植物

钟 鑫

在世界各大生态系统中，热带雨林拥有最高的植物物种多样性。在雨林中，你可以找到从参天巨树到贴着地面生长的小花，这给雨林里的动物和真菌提供了丰富多样的食物来源，从而构成了错综复杂的关系网络。

当你迈进热带雨林，会感觉整个世界都被绿色巨树包围，但是地面却显得幽暗无比。巨大的树木是雨林的一大特征。一颗种子落在地面，萌发之后，小苗为了突破树荫的遮蔽，需要不断地快速生长，一直长到足够的高度才能获得充足的光照。同时，树的叶子也伸展扩大，以更好地利用雨林上层的阳光。在这个过程中，它也成为了新的大树，再次遮蔽了地面。

热带雨林里令人惊叹的巨树就这样在相互竞争中成长，同时有些树木的基部长出巨大的板根，以支撑庞大的身躯。但树不可能无限地长高，树的高度会受到环境制约。顶部的树叶要生长，就要凭借蒸腾作用把水送到高塔一般的大树顶

上，这需要地面有足够多的水分。热带雨林充沛的降水，保障了巨树持续生长。来自亚洲东南部婆罗洲地区的黄娑罗双树，可以长到 100 多米高，虽然比不上北美洲能长到 115 米高的北美红杉，但也是热带雨林里的佼佼者了。黄娑罗双的种子有两枚长长的翅，种子成熟落下时，会像直升飞机那样旋转飞舞，这使得种子停留在空中的时间变长，也就能落到更远的地方，有利于该物种扩散。

巨树夺取了大部分的阳光，落入雨林底部的光线少得可怜。那么其他类型的植物怎么生存呢？热带雨林里很多的植物演化出

一些奇特的生活本领，比如很多兰花和亚马孙雨林里的菠萝，它们的种子又轻又小，如灰尘一样，很容易被风吹起，飘到悬崖峭壁或者巨树的树枝上。如果环境条件合适，这些种子就会发芽，长成小苗。这些植物附着在高处，获得阳光雨露，既不必承受地表的幽暗无光之苦又可以吸引高处的昆虫传粉，采用这种生活方式的植物被称为"附生植物"。在热带雨林里经常可以看到大树的树枝上生长着各种各样的附生植物，它们在不同季节开花，雨林宛如空中花园。

雨林中还有一些植物，它们的身躯不像树那样伟岸，而是长得细长、缠绕在大树的树干上，因此也能够抵达高处沐浴阳光，这样一类植物被称为"藤本植物"。热带雨林里，这些藤本植物纵横蔓延如网络一般，充分利用了大树之间的空间。还有一些榕属植物，它们的种子很小，被鸟类食用之后，随着鸟类粪便排泄到树枝的缝隙里，种子发芽之后长出发达的、可以在空气中生长的气生根，紧紧环抱住大树。随着它们日渐成长，枝叶慢慢伸展开，最终因竞争阳光，将所环抱的大树"杀死"，取代了原来的大树，这种现象被称为"绞杀现象"（前页下图）。

巨树、附生植物、藤本植物夺取了雨林大部分的阳光，地面上还能有植物吗？当然有！有一些神奇的植物，它们没有叶子，也不需要光合作用，而是依靠茎或根的一部分发育出特殊的结构，直接从其他植物那里吸收水、矿物质元素和其他营养物质，这一类植物被称为"寄生植物"。东南亚热带雨林最著名的寄生植物要属拥有世界最大花朵桂冠的大花草了，大花草最大的花直径甚至能长到1米多，如浴盆一样。它厚厚的花瓣呈现腐肉一样的暗红色，分时段散发出臭味，吸引地表活动的食腐苍蝇来传粉。

在热带雨林里，从高处到地面的每一个角落都被植物占据。它们被不同的光照、温度、水分条件塑造出了相适应的外形和生活方式，因此形成了极高的多样性，堪称一场植物的盛宴和狂欢！

能"死去活来"的植物：还魂草

田代科　林秀雅

　　如果你看过武侠小说或影视剧，可能会注意到那些能在关键时刻"药到病除、起死回生"的"仙草"身影。故事中的很多仙草尽管都是作者编剧杜撰而来，但是作为其中之一的还魂草却是自然界真实存在的。但是千万不要误会了，还魂草并不真能让人"起死回生"，不过它自己的确生命力顽强。还魂草也叫九死还魂草、大还魂草、石莲花、打不死等，其实它正式的中文名叫卷柏，为卷柏科、卷柏属多年生的草本蕨类植物。卷柏常生长于山地裸露的岩石上或石缝中，高5—15厘米，枝叶扁平呈浅绿色，形似柏树，它们在干旱条件下会将叶片蜷缩卷起来，因此得名"卷柏"。卷柏的生命力十分顽强，特别是在极端干旱的条件下，其耐干燥、脱水的能力远远强于其他植物。即使是炎热的夏季，其他植物都已经干死在滚烫的岩壁上，卷柏仍然能够顽强地生存着。此外，看似枯萎死亡的卷柏还能借助大风"搬家"，到一个能满足自己水源需求的地方重新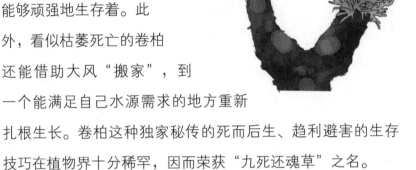扎根生长。卷柏这种独家秘传的死而后生、趋利避害的生存技巧在植物界十分稀罕，因而荣获"九死还魂草"之名。

那么，卷柏真的像武侠小说里所说，吃了就能死而复生吗？当然不可能。《本草纲目》记载：卷柏释名"万岁、长生不死草"，说的是它自身的生命力顽强，能在极度干旱的逆境中沉睡，遇水而复活，并非指它能让人起死回生、长生不死。卷柏往往生长在向阳的山坡石上或岩石缝中。在这种环境下，土壤贫瘠，水分供应只能靠天补给。卷柏没有特殊的结构和强大的根系来保留水分，于是选择一条不寻常路——快速脱水，减少自身的新陈代谢和能量消耗，以枯黄假死的休眠状态度过干旱期，一旦遇到水分，它会立即吸水而复苏，好像死而复活一样，继续完成自己的生活史。

为什么卷柏能够"死去活来"呢？原来卷柏在受到干旱胁迫时，体内会产生大量的化学物质，起到一定的调节作用以保证其细胞不受致命损伤。另一方面，这些化学物质能有效保护其蛋白活性。那么卷柏是否在每一次极端干旱后都能"死"后复活呢？答案显然是否定的。任何生物都有其生命承受能力的最大限度：当卷柏因干旱胁迫受到致命伤害，其生理代谢功能被损伤，所受损伤在遇到充足水分时不能得到修复等情况都将使"九死还魂草"无法重获新生。

除了卷柏、垫状卷柏等其他卷柏属种类也有"死去活来"的本领。卷柏属植物在全世界广泛分布，总计约700种，主要产于热带地区。我国各省均有分布，有约60—70种。

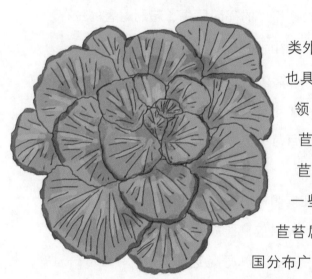

除了卷柏属的一些种类外，还有一些特殊植物也具有"死去活来"的本领：如苦苣苔科的珊瑚苣苔属（左图）、旋蒴苣苔属和喉凸苣苔属的一些种类。其中，珊瑚苣苔属和旋蒴苣苔属在我国分布广泛。它们的茎极为短缩，叶片像是直接从根上长出来，呈莲座状排列。它们能在极度干旱的环境中，以脱水休眠的方式度过严酷的旱期，待水分适宜时又能重新恢复生命力。夏天的正午，岩石上温度高达40摄氏度以上，这些植物的叶片就会萎蔫，但在第二天早上又会变得生意盎然。这种适应能力使这些复苏植物在夏季干热、水分极缺的岩石上得以生存

繁衍。

　　此外，还值得一提的一种植物名叫含生草，是十字花科含生草属里唯一的种类。它原生于北部非洲的沙漠地区，为一年生草本，植株矮小，高度一般不超过 15 厘米，是著名的"风滚草"与复苏植物。每当沙漠雨季过后干旱来临时，含生草的茎叶会枯萎，卷曲成球状，紧紧包裹住果实和种子，随风飘滚，由此得名"风滚草"。待下一个雨季来临时，原本"死"去的它会重新舒展绿色枝叶，释放出种子传宗接代，展现生命的顽强！

植物体内的"小工厂"

太阳系有八大行星，是什么让地球与众不同？生命！

从外太空俯瞰地球，可以看到地球几乎四分之三的面积被蔚蓝的海洋所覆盖，仅有四分之一是陆地。在这四分之一的陆地上，除了黄色的荒漠，大部分地方都或深或浅带着绿色。这些绿色，便是地球岩石圈、大气层、水圈这些物质圈层之外的特殊所在——生物圈。

生物圈可以理解成地球上所有生命及与其相联系的环境的总和。辽阔的森林、广袤的草原、离陆地不远的浅海，还有河流湖泊、滩涂湿地，这些都是地球上生命密集栖居的场所。从空中俯瞰它们，都是绿色的。为什么是绿色呢？闭上眼睛想想，植物长什么样？参天的大树、路边的小草，它们的叶子也都是绿色的。植物占据了生物圈大部分的成分和质量，因此，绿色也几乎成了代表生命的色彩。

把一棵小树苗种在能照到阳光的空地上，几年到几十年后，它就能长成一棵大树。在这个过程中，你并没有给它投喂什么，植物仿佛是自己长大的。其实，植物不能凭空长大，生长的秘密就藏在那些绿色的叶片里。

摘下一片叶子，透过阳光，可以看到叶片中仿佛有无数小格子。这些小格子里，有很多如高楼一样紧密排列的"大房子"，被称作叶肉细胞。这些叶肉细胞里，又有一些绿色的"小工厂"，被称为叶绿体。这些小到看不见的工厂车间，就是植物叶片绿色的来源，也是植物自己的食物工厂。

植物的食物是怎么生产出来的呢？这是一个伟大而复杂的生产流水线网络：原料是水和二氧化碳，产品是一些植物可以利用的糖类——和我们平时吃的白砂糖、蔗糖的分子结构相似却不完全相同，产生的"废料"是氧气！这真是太奇妙了，植物工厂的"废料"，却是我们呼吸必不可少的东西。

工厂的运转当然需要动力，那么植物工厂的动力来源于哪里呢？聪明的你一定能猜到——光。当足够的阳光照在植物的"绿色工厂"上，流水线就蓄足了动力。植物叶片背面有看不见的小孔，这些小孔把空气里的二氧化碳"抓"进工厂车间里，同时，植物的根和茎把水分运输到叶绿素工厂里，这样一来，食物生产流水线就源源不断地开工了。

植物工厂生产出的糖类，再经过进一步的加工，就成了纤维素、木质素、淀粉和蔗糖，纤维素和木质素如同植物的砖瓦和钢筋，筑成植物的外形结构，而淀粉和蔗糖，就是植物的食物。

　　可以看到，植物要获得食物，需要叶肉细胞里的绿色工厂不断开动生产，需要水、二氧化碳作为原料，阳光作为动力。这个生产过程，就是大名鼎鼎的"光合作用"。这些不起眼的小工厂，为世界上几乎所有的生命提供了食物来源。

　　在光合作用中，不同植物对于水的需求是很不一样的：如沙漠植物，它们中有的长出了肥厚肉质的叶片或茎来储存水分，有些植物的叶片还长成了刺状以减少水分的丢失。由于具有这种生存策略，在一次降雨之后，它们可以忍耐长时间的干旱。有些沙漠居民被园艺家们种到了花园里或者家里，成为我们桌面上、阳台上摆放的各种"多肉植物"。另一些植物与它们截然不同，它们终身生活在水中，或者生长在被水淹没的沼泽里。周围环境的水实在太多了，为了在水中不憋气而死，它们长出了发达的"通气组织"——想想我们常吃的莲藕，中间有好多的"洞洞"，那就是莲的通气组织——这些植物一旦缺水，就会很快生长不良甚至萎蔫死亡。而大部分的植物，介于沙漠植物和水生植物之间，它们需要适量的水，但若水太多，也会无法呼吸，若环境太干，则可能脱水死亡。植物和我们人类一样需要呼吸，这个时候，氧气对植物而言不再是光合作用的"废物"，而成为生活必需品了。

光合作用的工厂想要正常运转，还有一个条件就是合适的温度。绿色工厂虽然小，也需要植物蛋白质作为"工人"去干活。如果温度太高，工厂里的"工人"们会受不了而罢工；如果温度太低，"工人"们又会被冻僵而行动迟缓；如果再冷一些，工厂会因为水结冰而被破坏。虽然植物们各显神通，有些能够生活在酷热的撒哈拉沙漠，有些能生活在寒冷的北极圈，但对于大多数植物来说，适宜的温度是保证生存的关键。

　　绿色工厂里的"工人"是植物体内的蛋白质，它们也不是凭空产生的。要生产这些蛋白质，需要一些特殊的原材料——氮元素，它是植物蛋白的重要组成成分。而植物工厂的生产车间，还需要另一些特殊物质——磷元素和镁元素，它们构成生产机器的重要部件。最后，为了将捕获来的阳光动力输出给工厂，还需要钾元素……这一系列尽管少量但必需的元素，被称为"矿质元素"，其中最重要也是植物最容易缺乏的就是氮、磷、钾。野生植物主要从环境中去获得，而人类种植的农作物，则要靠施肥以提高产量。

　　阳光、水、适当的温度、矿质元素，这些构成了植物生长的必要条件，它们一起组成植物生长的环境。只有在一个稳定并且适宜的环境下，植物才能够良好生长，而阳光则是生命能够生生不息的原动力。

太空归来后的华丽变身：太空育种植物

孙加芝　田代科

食物、氧气和水是维持动物生命最基本的三要素。人类只有获得充足的食物保障才能生存和发展。几千年前人类就对自然界中的一些野生植物进行驯化和栽培，红薯、水稻、玉米、白菜、萝卜、西瓜等重要农作物都是人类驯化的结果。随着全球人口的急剧增长，各国对粮食、蔬菜和水果等的产量和质量的需求日益增加，推动了育种技术的不断进步。从早期的直接选育为主发展到后来的杂交育种，一些现代育种手法也在不断涌现。这些综合育种方法的应用大幅度地提高了育种效率，极大丰富了我们身边的植物品种，包括粮食、蔬菜、水果、花卉、油料和其他经济作物。

在众多现代育种方法中，大家对太空育种也许还十分陌生。那么，什么是太空育种呢？太空育种又叫空间育种或航天育种，是指利用返回式卫星、宇宙飞船、高空气球等搭载器，将植物的种子、组织、器官或诱变材料、微生物、昆虫等送入太空，经过太空环境促进这些有生命的材料发生遗传变异，待返回地面后培育出良种的育种方法。不同于地面环境，太空是一个高真空、微重力、强辐射、强磁场和高洁净的环境。借助这些特殊环境因素的综合作用，送入太空的育种材料发生染色体结构或基因变异的概率大大提高，生物的一些外在和内在性状也就会发生改变。当然，这些变异并不

全是朝着有益的方向发生，有时也可能出现不好的变异。

　　一般情况下，植物的太空育种通常用种子作为材料。在种子进入太空前要进行纯度检测，保证种子纯度。种子从太空回来后要进行地面种植，在第一次播种出来的幼苗中，可能会出现各种情况。有的植株没有发生变异，有的植株发生不良变异，只有极少数植株发生有益变异。育种专家们将这些发生有益变异的植株进行培养，并收获种子进行第2代种植。2代种植后观察，将优秀个体留下来继续培养，其余淘汰。经过2到多代的培育直到筛选出性状稳定的个体，培育成新

品种。也有将发生变异的植物通过营养繁殖，连续观察 3 年及以上确定性状稳定后培育成新品种。

早在 20 世纪 60 年代初，美国以及苏联科学家，就已经开始了太空育种的实践。1987 年我国揭开了航天育种的序幕，同年 8 月 5 日，随着我国第九颗返回式科学试验卫星的成功发射，一批水稻、青椒等农作物搭乘卫星进行了太空之旅。此后，我国科学家 30 多次利用返回式卫星、神舟飞船、天宫空间实验室和其他返回式航天器搭载植物种子，在千余种植物和微生物中选育出 700 余个航天育种新品种或菌株。其中，太空育种的植物新品种累计种植面积 1.5 亿亩[*]，产业化推广创造经济效益 2000 亿元以上。通过太空育种得到新品种的植株、果实和种子往往更大，因此产量显著增加，有的营养价值变得更高。水稻新品种结实率高，产量高；太空青椒单个重量在 250 克以上，远远超过普通青椒，维生素 C 含量比普通青椒高 20%；太空莲子的可溶性糖含量比普通品种的莲子高出一倍，而且结实率高，品质优良。太空培育出的植物还有很多优良品种，比如太空苹果、太空番茄、太空土豆、太空茄子、太空南瓜等等。除粮食、蔬菜、水果、油料等农作物品种外，还创制出林草花卉、中草药

---

* 注：1 亩约 666.67 平方米。

新品种和用于制药、酿酒等微生物新菌种，也获得了一些对产量有突破性影响的罕见突变菌株。太空搭载是一种稀缺资源，目前世界上只有中国、俄罗斯、美国、日本等少数国家能够利用自主研制的返回式飞行器进行航天诱变育种实验。随着我国航天事业的不断发展，未来肯定会有更多的太空育种植物进入日常的生活，甚至将来会有植物长期生长在太空实验室中。

很多人会问：用太空育种方法培育出来的品种生产的食品安全吗？甚至有人认为利用太空育种品种生产得到的粮食、蔬菜和水果等同于转基因食物。其实，两者并不相同。太空育种中植物产生的变异与自然界中植物发生自然变异的原理相同，只是植物本身的基因发生改变，并没有外来基因的输入，因此太空植物并不是转基因植物。在宇宙射线、微重力、强磁场、超真空等宇宙环境因素的作用下，植物产生自然变异的速度大大提高，我们只不过从这些变异个体中筛选出有益的变异品种加以生产利用而已，因此尽可以放心享用通过太空育种品种获得的食物。

植物与动物

从"吃"与"被吃"关系来看，植物似乎总是受伤的那一方。但是，假如我们把视野扩展到动植物的整个生活史和食物链，它们之间的关系就不那么简单了。

为了让大家更好地了解这其中的奥秘，我们在"植物与动物"主题下，精心编排了10段精彩的"剧情"。我们会去往著名的马达加斯加岛，探访独一无二拥有蓝色假种皮的旅人蕉种子。为什么全球现存的30多万种有花植物中单单旅人蕉的假种皮是蓝色的呢？原来这是旅人蕉与岛上一类仅能区分蓝绿二色的狐猴相互依存，用千万年共同谱写出的自然传奇。我们还会了解大名鼎鼎的兰科植物家族，它们不仅种类多，而且彼此间"性格"迥异，分布区域也极广。兰科植物在开疆拓土、适应各类环境的历程中，表现出"八仙过海"般的神通。其中一类叫蜂兰的植物不仅"易容术"出类拔萃，还是一位生化武器专家。蜂兰能够通过拟态雌蜂并释放性激素来吸引雄蜂当免费劳动力，这场骗局已经持续了千百万年。相比旅人蕉和狐猴的相互依存，蜂兰可谓是占了大"便宜"。还有啄花鸟与桑寄生植物的"合谋"、鼠尾草的"跷跷板"雄蕊……除了通过不同方式达到相互合作的目的外，我们还分享了一个高级共生的实例——榕属植物与榕小蜂之间的亲密关系。它们彼此间都先做出不同程度的牺牲，从而换来各自生息繁衍的机会。

这10个故事对于复杂的自然界来说只是冰山一角，更多的精彩故事需要大家自己去大自然细心观察和领悟。读完本主题后，相信大家今后在观察自然界中的动植物时，会有更新、更宽广的角度。（葛斌杰）

"健忘"的松鼠与幸存的松子

王晓申

　　提起松树，人们自然就会联想到松鼠。这种长着毛茸茸长尾巴的可爱小动物，十分喜欢松子，可谓是不折不扣的"松子控"。

　　在我们印象中，童话书里的松鼠大多长着火红的皮毛，模样小巧讨人喜爱。不过，这其实是一种叫作欧亚红松鼠的啮齿类动物，其红色外表是部分亚种的特点，它们的老家远在欧洲。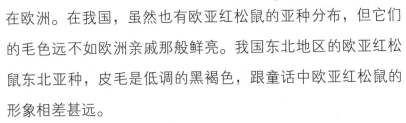在我国，虽然也有欧亚红松鼠的亚种分布，但它们的毛色远不如欧洲亲戚那般鲜亮。我国东北地区的欧亚红松鼠东北亚种，皮毛是低调的黑褐色，跟童话中欧亚红松鼠的形象相差甚远。

　　众所周知，松树会结松果，松果内藏许多松子。在我国小兴安岭和长白山地区盛产一种松果巨大、种子香甜且富含油脂的植物——红松，它的种子不仅深受人们的喜爱，更是动物们的美食。但是，红松的种子没有翅膀，即使松果成熟了，种鳞也是紧闭不开，导致种子无法自行脱落。这时，它们就需要一个好帮手——欧亚红松鼠来帮忙。

与富含碳水化合物的橡子不同，富含油脂的松子能够帮助松鼠们度过寒冷的冬季。在松鼠的食谱中，单是松子就占了 80% 以上。松鼠脸颊内侧的颊囊构造，能储存很多食物，方便它们搬运藏匿。在寒冬到来前，松鼠们一边不停地吃，把自己吃得圆滚滚的；一边忙着储存过冬所需的高热量食物，为即将到来的寒冬做好准备。

如果松鼠收集到的食物太多，一下子吃不掉怎么办？还记不记得电影《冰川时代》里的小松鼠？它总是想方设法地储藏橡子。欧亚红松鼠也一样，它们吃饱之余，总在不遗余力地贮藏松子，以备不时之需。

储备越冬食物可不是刨个坑埋起来那么简单，需要松鼠们付出大量心血。但是，将松子埋在这么多不同的地方，松鼠们真的能记住吗？其实，松鼠并没有传说中的"健忘症"。为了辛苦收集的食物不被偷走，松鼠们逐步掌握了一些特殊的小技能：它们不仅记忆力出色，嗅觉灵敏，还能在大脑中依靠空间记忆勾勒出一幅"藏宝图"，记住复杂的食物藏匿地点。即使贮藏点被大雪覆盖，它们也能够轻松地寻回食物。此外，精明的松鼠甚至会在同类偷窥时，假装挖坑埋食物以迷惑意图不劳而获的小偷，保卫自己的劳动果实。

当然，聪明的松鼠们总是为自己贮藏比需求量更多的越冬食物。那些吃不完的松子，就成了幸存者。它们在土壤中静静沉睡，在漫长的冬季结束后萌芽生根，最终成为红松家族中的新成员。对于红松而言，松鼠等动物贮藏松子的行为，就是它们开枝散叶的方式。你看，松鼠不仅仅吃掉了大量松子，还能帮助松树居群繁衍呢！

地球上，每一种生命形式都不是孤种独存的。在东北的冰天雪地中，松鼠生存离不开松果。同样，松鼠的"收集癖"和"健忘症"，也让幸存的松子延续新的生命轮回。

大眼睛与蓝种子：旅人蕉与狐猴协同演化的故事

王晓申

提起马达加斯加岛，小朋友们一定不陌生。这座位于非洲东南部的岛屿，不仅是世界面积第四大的岛屿，还是一个神奇的动植物王国。

大约在 8800 万年前，马达加斯加岛从印度板块分裂。在漫长的时光中，这里的原生动植物得以在相对隔离的自然条件下演化。因此，马达加斯加岛成为了全球生物多样性的热点地区，岛上约 90% 的野生动植物都是这里特有的。当然，其中也包括我们下面要讲的旅人蕉和狐猴。

旅人蕉的学名 *Ravenala madagascariensis* Sonn. 中，种

加词 "*madagascariensis*"，正是指旅人蕉的家乡马达加斯加。旅人蕉作为马达加斯加共和国的国树，它的图案出现在马达加斯加共和国的国徽和钱币上。虽然旅人蕉的外形高大，但它可不是树，而是鹤望兰科旅人蕉属的大型草本植物。

　　长期以来，人们对旅人蕉名称的由来存在一些误解：许多人认为旅人蕉的叶柄能够贮存雨水，可以为荒漠里的行人提供水源，甚至有人说它的叶片如同指南针，可以为迷途的游人指路。我国的植物学工作者经过在马达加斯加实地考察后认为：旅人蕉生长离不开水源，它们多分布在湿润雨林或季节性干旱的森林中，无法在沙漠中生存。而且，在旅人蕉的叶片和叶柄连接处，并没有导水的孔洞。即使部分旅人蕉的叶柄在刺破后可以喷水，也并非每棵旅人蕉都能为游人提供应急的水源。至于指路之说，更是无稽之谈。

　　旅人蕉植株通常高 5—6 米，最高可达 30 米。它的叶形像芭蕉叶，成 2 行排列于茎顶，如一把打开的折扇。它的花生于叶腋，排列成蝎尾状的聚伞花序。旅人蕉的花朵中虽富含花蜜，然而却有坚硬的革质苞片保护着，即使在成熟的时候，也保持着闭合的状态。因此，这样美味的食物对鸟类或昆虫来说却"可望而不可即"。那么，旅人蕉是如何传粉的呢？

　　答案就在于岛上特殊的动物群——狐猴。生活在马达加斯加

的狐猴能够轻松地接触到旅人蕉的花。当它们手脚并用撬开花朵坚硬的苞片，用长舌头啜饮花蜜时，旅人蕉的花粉就粘在了它们的脸上。当这些带着花粉的狐猴接触下一朵旅人蕉的花朵时，就会把这些花粉带到柱头上，从而完成一次授粉。据动物学家观察，狐猴科的领狐猴和黑美狐猴等物种，在一年中的特定时期会高度依赖旅人蕉的花蜜作为食物来源。有了甜美的花蜜作为奖励，狐猴便心甘情愿地承担起传粉者的角色。

那些完成授粉的旅人蕉会结出小香蕉般的蒴果，蒴果在完全成熟后便会开裂，显露出旅人蕉种子碧蓝色的撕裂状假种皮。这层附属物不仅十分好看，还可供动物食用。对于大多数传播种子的鸟类而言，最具吸引力的是红黑色组合。那么，旅人蕉种子的附属物却为何会演化出如此罕见的蓝色呢？

这是因为马达加斯加曾长期与世隔绝，岛上没有适合为旅人蕉传播种子的鸟类。能为旅人蕉传粉的狐猴，仅能区分蓝色和绿色。旅人蕉之所以演化出色彩如此罕见的种子附属物，就是为了吸引狐猴取食，从而实现种子的传播。而色觉奇特的狐猴，也会以旅人蕉的种子作为首选食物。

于是，在这座神奇的岛屿上，旅人蕉和狐猴相互依存、彼此受益，用千万年时光共同谱写了一段协同演化的自然传奇。

不断生长的绿色大厦

商 辉

　　蚂蚁是地球上神奇的动物之一。它们每天都奔波在寻找和运送食物的途中。除了采集食物和狩猎，蚂蚁中有的种类会种植"庄稼"，有的种类会驯养"牲畜"，有些种类甚至会培养真菌，简直就是无所不能。而且，它们极其团结，每一个大家族包括蚁后、雄蚁、保卫蚁群的兵蚁和成千上万只勤劳的工蚁。

　　要住这么一大家子，没有个大房子是不行的。虽然也有像行军蚁这样的流浪大军不需要房子，但大多数种类的蚂蚁还是选择在地下营造如大厦般规模宏大的蚁巢，也有些种类利用树洞或者树叶为基础，把房子建在树上。而最神奇的是有一类蚂蚁，它们不需要自己费尽心思地去建造房子，因为有"人"赠送，而且这房子还是不断在生长、纯天然绿色无公害的，这房子就是——蚁蕨。

　　蚁蕨是一种蕨类植物，它不会盛开鲜艳的花朵，只会长

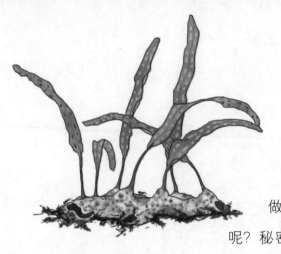

出翠绿的叶子，叶子呈柳叶状或羽毛状，依靠粗壮的根状茎攀附在热带雨林的树干上。那么它们是怎样做到给蚂蚁大家庭送房子的呢？秘密在蚁蕨粗壮肥厚的根状茎上。蚁蕨的根状茎是中空的，天然形成很多孔道和空腔，完全就是给蚂蚁家族量身定做的"大型别墅"，而且随着蚁蕨的生长，"别墅"的规模也会越来越大，俨然是一座不断生长的"大厦"。由于免去了修建房子所需的大量"蚁力"，相比于生活在自建的土穴里，这里的蚁群可以有更多的时间去收集食物、照顾幼蚁，这对于蚁群的"蚁丁兴旺"非常有利。此外，有些蚁蕨种类，比如矮蚁蕨提供的蚁房外壁坚硬、牢不可破；而最常见的蚁蕨提供的蚁房则长满尖刺，让捕食者望而却步。

当然，天下没有免费的午餐，住这么大的房子，"物业费"肯定是少不了的。蚂蚁们为了回馈蚁蕨的慷慨，做了很多工作。首先，蚂蚁肩负起了保卫蚁蕨的责任，任何企图取食蚁蕨叶子的昆虫都会被蚂蚁

卫士攻击，即便是较大型的动物，蚂蚁家族也会倾巢出动驱赶敌人。如果在热带雨林中，碰到蚁蕨时可千万要小心愤怒的蚂蚁！当然，花卉市场看到没有蚂蚁居住的蚁蕨就不必害怕了。其次，蚂蚁的排泄物和死后的残骸可以给蚁蕨提供养料使其生长更旺盛、更健康。要知道蚁蕨是生长在树干上的，而树栖的环境是没有土壤的，缺乏植物生长必须的一些营养元素，而蚂蚁恰好可以为蚁蕨施肥。蚂蚁们既是勇敢的守卫者，又是辛勤的园丁。

蚂蚁园丁还有另外一项非常重要的工作，就是为蚁蕨播种。作为蕨类植物的一员，蚁蕨是不产生种子的，它们依靠小小的孢子来进行繁殖。蚁蕨的孢子凭借长长的纤毛，缠绕在蚂蚁身上，当蚂蚁外出时，就将蚁蕨的孢子带到其他地方。环境条件适宜的情况下，孢子慢慢萌发，幼苗生长，过段时间又一座蚁蕨大厦就建造起来了。

蚂蚁和蚁蕨这种互利互惠的种间关系，生态学家们称之为共生关系。

当心！"恶魔之爪"来了

张建行

炎热的太阳炙烤着北美沙漠，干裂的果荚时不时发出"砰砰啪啪"的声响，吓得几头野驴四处张望。一头小野驴缓缓踏过一片像南瓜藤的蔓丛。突然，小野驴发疯似的挣扎起来，好像被恶魔擒住了蹄子，无法逃离。这片沙漠一直流传有"恶魔之爪"在绿丛里抓捕猎物的传说，看样子小野驴成了那个

被抓的倒霉蛋。

　　为了破除谣言，科学家对北美沙漠进行了仔细考察。考察后发现：在一片一片的蔓丛里，有很多只"魔爪"正等待着"猎物"的到来。这些能令动物癫狂的"恶魔之爪"经过分类学家的研究鉴定，确认为芝麻的近亲角胡麻科植物。在这些藤蔓上，除了已经"魔化"的果实，还有一些顶着芝麻花样子的筒状大黄花，在孕育新的"魔爪"。令人畏惧的"恶魔之爪"其实是角胡麻科植物干燥的果实。

　　那些极具魔幻色彩的"捕猎"故事瞬间传奇不再。既然是以讹传讹的笑谈，这些植物又为何会背负"恶魔之爪"的臭名呢？

　　角胡麻科植物的果实，外形如弯曲的豆荚，有的具有长长的像鸟嘴一样的喙。果实外面有肉质的外果皮，里面隐藏坚硬的木质内果皮，开裂的地方常有鳍状的刺。在美国西南部和墨西哥的几个原住民部落，人们有将其幼嫩的果实作为蔬菜食用的习俗。待果实干燥后，坚硬的内果皮开裂，形态各异，常被猎奇者作为玩具。人们为了吃到果实或者得到奇特造型的"藏品"，自然会去引种这些植物。然而，引种后由于失了兴趣而被丢弃的果实，变成了噩梦的开始。

　　角胡麻科植物果实肉质的外果皮和坚硬的内果皮，当然不是为了取悦人类而演化出来，其真实的目的是让"魔爪"能够伸向更远的地方。在蔓丛中，裂开的果实像具有弯钩的爪，锋利无比，路过的动物一不小心便会中招，就像本文一开始那头被"恶魔"抓住的小野驴一样。无论动物怎样挣扎，也无法挣脱"恶魔之爪"。果实的"爪子"紧紧抓住动物的蹄子，长长的钩子可嵌入皮肉中，随着动物奔徙，将"小恶魔"带到远方。

更可怕的是，这些"魔爪"的种子也长有小的爪子，会牢牢抓住动物的皮毛，伴随它们一生。直到动物死亡腐烂后，皮毛里的种子便借着尸体的营养发育长大，逐渐占据一方领地。在被"恶魔之爪"入侵的牧场里，牲畜时不时会被攻击，对于牧场主来说，清理这些"魔爪"，简直是梦魇。随着全球贸易的日益频繁，这些"魔爪"逐渐在亚欧大陆显现身影。2015年，河北出入境检验检疫局工作人员在一批来自澳大利亚的羊皮中截获该类植物的果实，这个事件应当引起大家的警觉。

"恶魔之爪"凭借自身独特的结构、不挑食的生存能力，搭乘人类和动物的便车在全球蔓延，破坏侵入地的生态系统，即使可以食用和观赏，也无法掩盖它们的恶魔行径。为了避免这些"魔爪"伸向祖国的山河，切不可为一己私欲，偷偷带"恶魔之爪"入境哦！

欺骗雄蜂的兰花

胡　超

在地中海地区一个阳光明媚的日子里，一只雄蜂从花丛中飞过。忽然它嗅到了一股迷人的气味，那是雌蜂特有的味道。雄蜂激动万分循着气味的方向飞去，很快在草丛中发现了一只"雌蜂"。它扑了上去，沉浸在"雌蜂"的温柔里。离开的时候却没有发现"雌蜂"已经悄悄在它的身上留下了自己的花粉团。当雄蜂寻找到新的目标时，就会把花粉团传递给新的"雌蜂"。

你猜得不错，雄蜂发现的并不是真的雌蜂，而是经过精心伪装的蜂兰。蜂兰花开的时候，这样的骗局不断上演，而雄蜂们却乐此不疲。

自然界中，植物为了繁殖后代可谓各有妙招，尤其是那些通过昆虫来传播花粉的植物。蜂兰就是其中的佼佼者，它们通过欺骗雄蜂来传粉，其骗术可谓精妙绝伦。兰科植物最令人瞩目的特征是有一枚花瓣演化成形态各异的唇瓣。而蜂兰的唇瓣则独具特色，唇瓣上有独特的花纹和绒毛，由于唇瓣边缘的绒毛酷似眉毛，又被称作眉兰。蜂兰属约有一百多种，它们的唇瓣各具特色。

达尔文也曾惊叹于蜂兰的外表，对其和昆虫的关系进行了观察。此后，法国科学家波扬和其他科学家的研究为世人揭开了蜂兰独特外表下不为人知的秘密。1916年，波扬观察发现蜂兰会吸引某种蜂类访问，更令人惊讶的是只有雄蜂才会被吸引，而且雄蜂会表现出与花朵交配的意图。波扬推测这种蜂兰是被雄蜂误以为雌蜂。事实确实是这样，细看蜂兰，不仅颜色、形状甚至边缘的毛都像极了雌蜂。对唇瓣的显微扫描还发现，唇瓣上有很多种结构不同的细胞。这些细胞具有的特殊结构可以不同程度反射阳光，让唇瓣呈现出绚烂的色彩来吸引蜂类。

和人类一样，蜂类也难以看清较远的物体。但与人类相比，蜂类简直是高度近视，它们能看清的距离比人类近得多。那么蜂兰又是怎样吸引远处的蜂类靠近自己的呢？秘诀就在于蜂兰散发的气味。科学家研究发现蜂兰散发出的气味和蜂类角质层散发出的性激素具有同样的成分，都是长链的烃类、醛类和酯类等物质。更为奇特的是，不同蜂兰中这些成分的含量有很大区别。不同组成成分的性激素可以吸引不同种类的蜂。这样不同的蜂兰由不同的蜂类传粉，从而保证了一种蜂兰的花粉只被授粉在同种蜂兰的柱头上。

还有一类兰花叫蚁兰，得到这个名字是因为人们觉得它们的唇瓣看起来像蚂蚁一样。它们也是通过和蜂兰相同的方法来欺骗蚁类传粉。但是研究发现有两种蚁兰可以释放出相同成分的性激素。这种性激素可以吸引两种身型不同的传粉者。奇妙之处在于这两种蚁兰的唇瓣大小和形状是有很大差别的，被吸引来的两种传粉者有各自偏爱的理想型，身型小的昆虫偏爱小型唇瓣的蚁兰，而身型较大的昆虫则喜爱大型唇瓣的蚁兰，因为这样的唇瓣和同类的雌性更相似。通过形态上的区别，蚁兰巧妙地找到自己专属的传粉者。这样，一种蚁兰的花粉团就不会被错误地传给另外一种蚁兰啦。

通过这样精妙的设计，蜂兰和蚁兰在竞争激烈的生物界世世代代生存繁衍了下来。

交嘴雀与针叶树的矛与盾之战

易逸瑜

在北半球的针叶林以及针阔混交林中，生活着一类长着独特交叉小嘴的可爱小鸟——交嘴雀。大多数鸟类会选择在更加温暖的时间里进行繁殖以获得更多的昆虫、种子和果实，而对于交嘴雀来说，食物的主要来源是黑松、云杉等针叶树的种子。只要能够获得足够多的食物，在寒冷的冬天唱起恋爱的歌曲也未尝不可。

冬季通常是针叶树球果大量成熟的季节，交嘴雀们会抓紧时间开始繁育下一代。它们在常绿的针叶树上树枝密集的地方建造一个温暖的巢，雌鸟从产卵开始不再离开，依靠雄鸟带回来的食物生存。小鸟孵化后雌鸟仍然会留巢保护一段时间，由雄鸟负责采食针叶树的种子反刍喂养它们。育雏后期父母双方才开始一起喂养小鸟，直到小鸟羽翼丰满离开。寒冷的冬季也带来另外一些好处，此时捕食者们大多都进入了冬眠，或迁至更温暖的区域，因此，小鸟们会更加安全。

交嘴雀的繁衍高度依赖针叶树的种子，如果食物匮乏，它们会选择离开熟悉的栖息地，迁移到别的区域。遇到食物充足的年份，覆盖着白雪的冬日针叶林繁殖地会格外热闹。然而，这些种子通常被保护在坚固闭合的松果之内，防止被吃掉或损坏，直到遇到温暖而干燥的空气才会慢慢打开。交嘴雀没有像松鼠一样尖利的牙齿可以咬开松果，打破松果防御需要费一些功夫。怎样才能获得足够多的食物呢？答案就藏在它们交叉弯曲的小嘴上。

这个看起来不合常理的结构对于取食针叶树的种子是非常有必要的。交嘴雀首先将相互交错的喙的尖端在松果的鳞片之间咬合，用强而有力的下喙横向扭转分离相邻的锥形鳞片，球果基部的种子就暴露了出来，然后用肌肉发达的舌头将种子卷入嘴中，压破种皮吃下种仁之后再吐掉不需要的部

分。这一系列动作都发生在几秒钟之内，简直就像是一条小小的去壳松子生产流水线。灵巧的老手甚至可以一天吃下大约 3000 颗种子。这些饱含油脂和蛋白质的美味食物帮助它们获得足够的能量，从而在寒冷的冬季繁育后代。

这样独特的喙是在取食针叶树种子的过程中慢慢演化的结果，就像一把精巧而锋利的长矛，通过巧妙地交叉扭转，击破保护种子的松果盾牌。然而，针叶树并不会"坐以待毙"，科学家们发现，取食行为会促使针叶树通过增加球果鳞片的厚度和强度来抵抗，这使得喙较小、较短的交嘴雀无法取食到足够多的种子，从而降低繁衍的可能性。而那些喙足够长足够大，能够取到食物的交嘴雀，它们的基因得以遗传下去，后代也将拥有更长更大的喙。一代复一代，交嘴雀和针叶树之间开始了相互选择和相互适应的协同演化过程。

科学家们还发现，世界上不同地区的 6 种交嘴雀都有其固定的针叶树果实种类取食偏好，而它们喙的大小和弯曲程度又是和当地针叶树的球果大小相匹配的。针叶树的球果需要更厚更坚固的鳞片盾牌来保护种子，而交嘴雀则需要更大更有力的弯曲鸟喙来击破这面盾牌，它们选择了对方作为演化道路上的密切伙伴。那么这场"军备竞赛"什么时候才会宣告结束呢？这个问题科学家们和交战双方都没办法回答，交嘴雀与针叶树的"矛与盾之战"恐怕要无休止地继续下去了。

会"怀孕"的植物：榕属植物与榕小蜂的"高级"共生

陈纪云

嗨，伙计！或许你正惊叹于小丑鱼和海葵的互帮互助，或许你正沉浸在东非大草原上蚂蚁为捍卫金合欢树而勇斗长颈鹿的故事中……但是你知道吗？自然界中还有两种生物，它们已经"相亲相爱"到"同生共死"的程度，那就是——榕属植物与榕小蜂。它们是怎样"生死相依"的呢？让我们戴好放大镜一起去看看吧。

瞧，那不是我们爱吃的无花果吗？可是无花又何来的果呢？嘘，那里有一只寻寻觅觅的榕小蜂，让我们跟随它去瞧瞧吧！正所谓"酒香不怕巷子深"，榕小蜂正是闻到了无花果释放出的挥发性化学物质，才不畏艰难险阻地穿过层层苞片形成的小孔，进入无花果内的新世界——一片小小的花海。原来无花果并不是没有花，而是花都低调地隐藏在花序轴膨大形成的球状体中，这是"养在深闺有'人'识"的榕属植物特有的隐头花序。

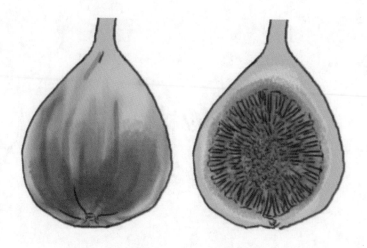

　　无花果是雌雄异株的榕属植物，雌株上只有雌花，而雄株上却生有雄花和瘿花两种花。雌花和雄花我们都能理解，那瘿花是什么呢？瘿花，是由雌花特化而来的中性花，不传粉、不受孕、不结实，并且柱头很短，正匹配榕小蜂产卵器的长度，所以瘿花是榕属植物专门给榕小蜂准备的"产房"，专供榕小蜂产卵和孵化。

　　榕小蜂如果能够幸运地进入雄株的榕果内部，它便会找到一朵喜欢的瘿花，然后把它那犹如细丝般的产卵器，插入

瘿花的柱头，继而穿过花柱，到达珠心和珠被之间的区域产卵。产卵之后不久，这位"榕小蜂妈妈"便会死去，而榕树则像哺育自己的胚胎一样为榕小蜂宝宝提供营养。大约3个月后，榕小蜂宝宝发育成熟，其中雄性榕小蜂会先羽化，然后找

到含有雌蜂的瘿花，在瘿花上咬个小洞钻进去同雌蜂进行交配，交配完成后，雄蜂再帮雌蜂咬开瘿花外壁，帮助它的"妻子"出阁。"丈夫"生来无翅，很快死去。而"妻子"生来就有翅膀，按照动物的本能，满腹怀卵的"妻子"会急切地寻找产卵场所。当它通过无花果隐头花序的通道时，"妻子"身上沾满了雄花花粉，然后飞出榕果，像它们的妈妈一样去寻找新的"产房"，并且为新"房东"送上贵重的礼物——花粉。

雌性榕小蜂如果进入了无花果雌株的榕果，那就是自掘坟墓了——雌榕果中全是长花柱的雌花，而榕小蜂的产卵器太短无法通过柱头向子房产卵，所以它无法按照生物的本能完成"香火延续"的任务。但它在寻找产卵地的过程中，却会把花粉涂到了雌花长长的柱头上，完成了为榕属植物传粉的任务。最后，这些雌性榕小蜂耗尽体力，满腹怀卵地死在无花果的隐头花序内。

榕属植物约有750种，像无花果这样雌雄异株的大约有350种。自然界中，榕属植物除了雌雄异株的还有雌雄同株的，雌雄同株的花序内生有雄花和雌花，其雌花的花柱非常智慧地有长短之分。长花柱的雌花接受花粉，胚珠受精后子房发育成果实；短花柱的雌花，其花柱长度与传粉榕小蜂的产卵器长度相匹配，所以它被产卵后负责孕育榕小蜂。

大自然就是这样神奇，她那近乎完美的平衡法则在榕属植物与榕小蜂身上体现得淋漓尽致。不同榕属植物花的柱头到珠心的距离不尽相同，所以不同的榕小蜂只有进入特定种类的榕果，才能顺利产卵。榕属植物不但为榕小蜂提供产卵、孵化和生长的场所，还为榕小蜂宝宝的发育提供营养，从而让榕小蜂世世代代繁衍壮大。榕小蜂为了回报榕属植物，一些"族人"甚至付出生命的代价为榕属植物传粉，让榕属植物生生不息。

看到这里，你是不是也被榕属植物和榕小蜂"相爱相杀"的智慧所深深折服，感叹它们真不愧是世界上目前所知的最高级的共生伙伴。

桑寄生与啄花鸟的"百年好合"

葛斌杰

一只身披暗绿色羽毛的小鸟在一丛"鸟巢状"的植物中跳来跳去，时而低头啄食着什么，时而警惕地抬头观察四周是否有危险靠近。第一次看到这种景象难免让人猜测：这只小鸟大概是为迎娶它的女神而在编织爱巢吧。然而，这只形似麻雀的小鸟其实在从事一项"充满争议"的工作，为一种寄生植物传粉散种！

之所以说啄花鸟与桑寄生间的互动"充满争议"，可能是因为在多数人的印象里，寄生植物和有害植物是画上等号的，它们会侵染森林、果园，严重时造成寄主营养不良直至死亡，给人们造成一定的经济损失。所以一旦发现有寄生植物存在，人们往往是除之而后快。按照这样的逻辑，当人们得知啄花鸟是在为桑寄生传粉、散播种子时，就会觉得啄花鸟在"助纣为虐"。这些刻板印象一方面是因为我们仅从人类的利益角度出发考虑问题造成，另一方面则是因为对寄生植物生活习性认识的不全面所致。

　　研究人员通过在森林中观察啄花鸟与桑寄生的互动，研究桑寄生的生长发育过程，渐渐对其有了更全面的认识。桑寄生和啄花鸟之间经过长期的"相互磨合"，最终"佳偶天成""百年好合"。据研究者观察，啄花鸟在桑寄生的开花授粉和果实散播阶段都发挥了重要的作用。桑寄生的花量大（可能与营养来的太容易有关），红配绿的花色特别容易引起啄花鸟的注意，并且每朵花的内部有丰富的蜜汁。成熟的雌蕊与雄蕊伸出花外，雌蕊略长于雄蕊，呈一定的弧度稍稍下弯。当啄花鸟低头用它那带特化管状结构的舌头吸食花蜜时（就像我们用吸管喝饮料一样），头部的羽毛刚好刷蹭到成熟雄蕊的花粉（此时这朵花的雌蕊还未成熟）。等啄花鸟去"喝"另一朵花的花蜜时，沾在头部的花粉就可能触碰到成熟雌蕊的柱头（此时这朵花的雄蕊已经萎缩），不经意间就完成一次异花传粉。传粉受精完成后，经过数月的孕育，桑寄生的果实逐步成熟，颜色由青转为橙黄。这时，啄花鸟就像位老练的果农，通过观察果实颜色就能判断是否成熟可食。桑寄生成熟的果实呈浆果状，黏胶状的果肉就像半干未干的胶水，如果我们的手指粘上了，靠甩是甩不掉的。但啄花鸟不在乎，它啄开果皮后，直接将黏黏的果肉和包裹其中的种子一并吞下。也许你会担心，种子经过消化道后不会腐烂吗？不会！这就是啄花鸟和桑寄生达成的另一个共识：桑寄生提供果实，而啄花鸟只消化部分果肉，种子连同剩余的果肉得以

保留并被排出体外。这主要是因为啄花鸟有特殊的消化道结构。相比于其他鸟类，啄花鸟的砂囊相当退化，因而减少了桑寄生种子在砂囊中停留和研磨的时间。据观察，澳洲啄花鸟取食后仅过4—12分钟就会将种子排出体外，因此，被吃下去的种子简直"毫发无损"，真是根"直肠子"。

细心的你看到这里，会不会产生另一个疑惑：桑寄生是寄生在树干、树枝上，如果种子被鸟类排泄到地上，种子的萌发及幼苗的生长会受到影响吗？不得不说桑寄生妈妈为后代考虑得非常周全，当啄花鸟短时间吞下若干果实后，果肉在经过消化道时虽然部分被消化了，但仍有足够的果肉彼此粘连在一起，当啄花鸟把它们排泄出来时，这些种子连成一长串，大大增加了掉落过程中粘附到树枝上的机会。一旦有一段粘上树枝，其他部分也会借助风力飘裹上树枝。还有一

些种类的桑寄生，啄花鸟必须使劲在树枝上蹭，才能把粘在屁股上的种子蹭下来，这个过程也相当于在帮助桑寄生播种。有研究报道，桑寄生的果皮中存在抑制种子萌发的物质，这些物质经过啄花鸟的消化后，反而提高了萌发效率。

　　说到这里，大家是否会觉得这对组合一直在"狼狈为奸"？其实不然，在一个稳定的生态系统中，食物链的各个环节是相互牵制和依存的。桑寄生一方面通过寄生在别的植物上获取营养，另一方面它的叶片也是粉蝶、小灰蝶等鳞翅目幼虫的重要食物来源，如果简单粗暴地将桑寄生赶尽杀绝，那也等于将这些蝴蝶逼上了末路。或许人类之恨，却是其他动植物之爱。因此，我们必须要认识到，地球这个巨型生态系统，是所有生物共同的家园，绝不仅仅是人类独有的。

鼠尾草的"跷跷板"

王晓申

古希腊科学家阿基米德曾说："给我一个支点，我就可以撬动整个地球。"虽然这个假设是无法成立的，但却体现了古人对杠杆原理的极致想象。在我们的日常生活中，就有许多利用杠杆原理的工具，如剪刀、开瓶器、指甲钳等。不过，最早利用杠杆原理的并非人类，而是大自然中的植物们。

自然界中虫媒植物的繁衍离不开传粉者，植物们不仅以鲜艳的花冠吸引传粉者，还会提供花蜜作为传粉的回馈。为了确保珍贵的花蜜不被偷吃，并且让传粉者更好地为自己服务，在长期的自然选择和协同进化中，一些虫媒花就特化出了精妙的结构，促成了花朵和昆虫互利互惠的共生关系。

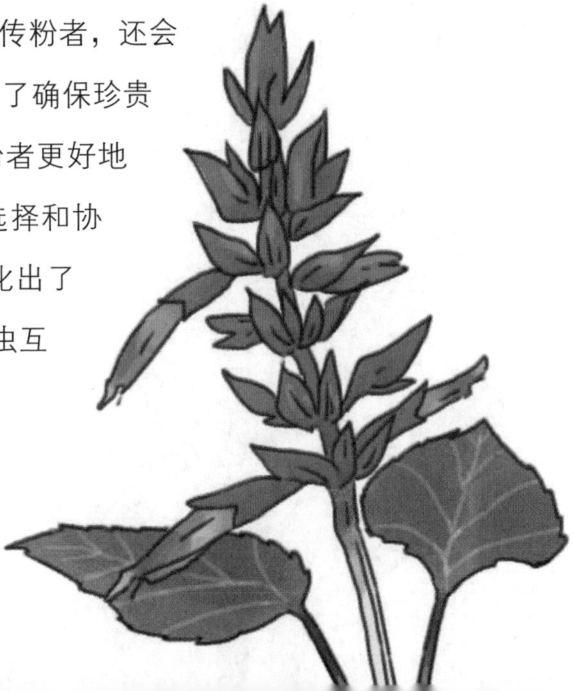

在众多虫媒花中，唇形科

鼠尾草属的花朵结构尤为巧妙。鼠尾草属植物约有 1000 种，它们广泛分布在全球各地的温带和热带地区，有白、黄、红、蓝、紫等多种花色，是人们喜爱的观赏植物。此外，一些栽培品种的叶片还有特殊的芳香，具备食用和药用价值。我们熟悉的一串红也是鼠尾草属植物，还记得它的花蜜藏在哪里吗？吃过一串红花蜜的小朋友，一定知晓这个秘密。

鼠尾草属的花冠呈两侧对称的二唇形，侧面看像一个张开的嘴巴。花冠前段的下唇水平伸展，犹如一个迷你停机坪，便于前来访花的昆虫降落。有些种类的唇瓣上，还多了一个特征——蜜导，这是对传粉者起到指示作用的图案。例如在蓝花鼠尾草的唇瓣上，有两道明显的白色斑纹，仿佛向昆虫提示着："快来，我这儿有花蜜。" 我们人类获取鼠尾草的花蜜很简单，只需摘下花冠筒吮吸一下，就能吃到清甜的花蜜。

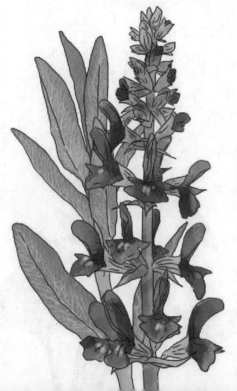

但鼠尾草的花蜜藏在花冠筒的最底部，假如一只蜜蜂前来访花，它必须钻入花冠筒中才能享受美味。

蜜蜂试图深入筒状花冠时，会触动鼠尾草巧妙的传粉机关：二强雄蕊（四枚雄蕊中两枚明显较长）形成的杠杆结构。鼠尾草的花丝与药隔在连接处形成关节，将药隔分为上下两臂。雄蕊中部的突起是药隔下臂，一旦蜜蜂钻入花中采蜜，就会触动并压下这个突起。与此同时，生长着花药的药隔上臂会像跷跷板一样被压下，将花粉涂抹在蜜蜂的背部。由于鼠尾草的雌雄蕊并非同时成熟，因此无法进行自花传粉。当蜜蜂访向下一朵花时，雌蕊成熟、花柱伸长，柱头弯向下方，并在之前类似位置碰触蜜蜂携带来的花粉，从而实现异花授粉。

　　了解了鼠尾草属植物的传粉过程就会发现，鼠尾草并非被动地依赖传粉者。它们以跷跷板式精巧的杠杆状雄蕊结构，与传粉者形成杠杆式背部传粉的互作机制，充分体现了这种植物的智慧。那么，如果我们人为地将鼠尾草的"杠杆式雄蕊"去除，让花冠筒开口畅通无阻，对于植物来说是帮助还是破坏呢？期待好奇的你像植物学家一样认真观察，来揭晓答案。

食亲动物的植物们

仝团团

动物以植物为食似乎天经地义，然而食虫植物的发现颠覆了人类的认知。已经发现的茅膏菜（下图左）、捕蝇草（下图右）、猪笼草等，凭借各自的特殊结构捕食动物。这些捕虫植物特有的结构也使它们成为园艺爱好者们收集、栽培的新宠。种得最多的大概就是猪笼草了，它们用于给小动物"下套"的瓶状结构像猪笼一样，故而得名。

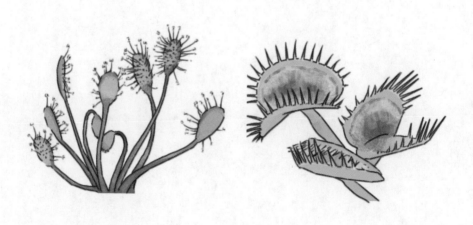

我们常说的猪笼草是猪笼草科下唯一的属——猪笼草属所有植物的统称，它们通常是攀援草本。目前世界上已发现的猪笼草大约有 170 种，主要分布于热带和亚热带地区。1737 年，瑞典植物学家林奈以 Nepenthes 命名猪笼草属，字面意思是"没有悲伤"，在希腊神话中，该词指代可以消除所有悲伤的药。林奈解释说："当植物学家经过长途旅行，发现了这种奇妙的植物，他一定会对造物主充满钦佩之情，从而遗忘身上的疾病。"这种惊喜感任何第一次看到猪笼草的人都能体会到吧。

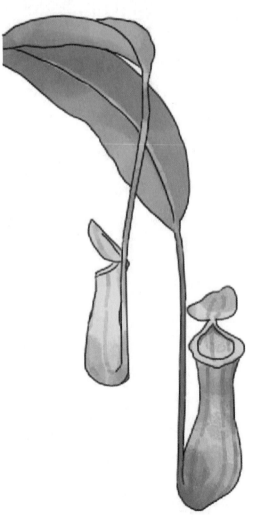

猪笼草让人惊奇的捕虫笼实际上是一种变态叶，由叶片中脉延长而成的卷须变态形成，包括卷须上部扩大反卷而成的瓶状结构和卷须末端扩大而成的"笼盖"等。捕虫笼成熟后笼盖打开，里面能看到下部腺体区分泌的糖浆状消化液。那么猪笼草如何吸引猎物呢？且看捕虫笼的结构拆解。1. 抛出"橄榄枝"，笼唇和笼盖上的腺体能分泌甜美的蜜汁吸引昆虫上钩。2. 笼唇湿滑，昆虫一旦中招，容易"站不住脚"而滑入笼中。3. 笼内危险重重，上半部蜡质区覆盖蜡质，使落入的昆虫难以逃生，沉溺在下半部腺体区分泌的消化液中，最终被消化殆尽。4. 猪笼草还有一点点"小心机"，笼唇内向边缘有一圈锋利的唇齿，用来防止昆虫逃脱；笼身外部还有两列突起带着毛刺的"笼翼"，引诱没有翅膀的昆虫爬到笼唇；笼盖可以挡住雨水使内部的消化液不被稀释。还有一些猪笼草甚至能在笼身和叶柄等部位分泌蜜汁，形成对蚂蚁的致命诱惑。猪笼草的猎物通常是各类昆虫，不过比较大的种类偶尔会捕获小型脊椎动物，如老鼠和蜥蜴，甚至还有捕获小型鸟类的记录。

同一株猪笼草，由于"笼子"所在的位置不同，它们的结构会很不一样。靠下的笼子靠近地面，一般形状肥大、颜色鲜艳、有明显的笼翼；而靠上的笼子比较瘦长、颜色较浅，一般没有笼翼，为了保持稳定，卷须处还会形成一个环，使其能够缠绕在附近的支撑物上。观察发现两种笼子捕捉到的猎物也是不同的。

那么问题来了，为什么猪笼草要大费周章地捕虫呢？与大多数捕虫植物一样，是因为原始的生存环境比较恶劣。猪笼草最初家园的土壤由泥炭、白砂、砂岩组成，通常呈酸性，营养含量低，所以需要通过消化猎物获得氮和磷，以补充自己生长的营养需求。

除了可怕的"暗杀"关系，猪笼草也会与一些昆虫合作，各取所需。比如，有一种不怕笼子陷阱的蚂蚁，它们可以在消化液中随意游走盗取猪笼草的猎物，作为报答，蚂蚁帮助清理笼唇部位让其保持光滑，以便猪笼草捕获更多的猎物。猪笼草甚至还为这些蚂蚁提供住所。

　　还有一些猪笼草与一些小型脊椎动物发展了相互依赖的关系。比如树鼩以猪笼草分泌的具有致泻作用的蜜汁为食，而猪笼草转化树鼩排入笼中的粪便为养料。2009 年的一项研究更是创造了"树鼩厕所"一词，该研究确定，猪笼草吸收的 57% 到 100% 的叶片氮来自树鼩的粪便。

　　再次感叹造物之妙！

植物与人类

说起植物和人类的关系，你会想到什么？

很多人的第一反应是：吃！没错，作为生产者的植物为地球生物圈提供了最基础、最广泛的有机物和能量来源。除了深海热液喷口外，几乎所有动物都以植物作为食物基础。人类也不例外——原产于我国的水稻养活了地球上超过 1/3 的人口，其他如姜、辣椒、甘蔗等植物所增添的滋味，则让食物成为色香味俱全的享受。

植物不仅填饱人的肚子，更在支持人类生存、改善人类生活并推动人类发展。源于植物的纤维成为了御寒保暖的衣服；基于植物的药物挽救了千万人的生命；从植物中提取的油脂甚至能在一定程度上代替石油等化石燃料……可以说，人类社会运转、人类文明发展都离不开植物。因此有人认为：植物为人类提供了赖以生存的食物和不可或缺的能源。这足以看出植物的重要性。

但植物并非总是对人类有利。如果没有细致严谨的调查、不遵循科学规律，甚至只是由于粗心大意，植物也可能给人类带来极大损失。例如，人类由于各种因素跨区域引入外来植物造成入侵，会对本地生态造成严重而持续性的负面影响，这不仅威胁本土物种的生存，还会影响农作物的生产。客观上说，植物本无好坏，是人类的行为和出于利用价值大小的考虑才使植物有了益害和优劣。

植物与人类的关系密切而多样，但限于篇幅，无法面面俱到。本章将以食用和药用植物为重点，讲述 10 个人类利用和改造植物的经典例子，并以它们为窗口，一窥植物和人类之间错综复杂的关系。（郗旺）

不远万里而来的美食：红薯

王红霞

　　植物能吸收大地的养分、太阳的光辉、雨露的滋润，它们进行光合作用，生产氧气、制造碳水化合物为人类的生存提供必备食物。

　　在各种食物中，红薯以它甜甜的味道、糯糯的口感，受到了广泛的欢迎。红薯又叫番薯、山芋、地瓜，是喜温作物，不耐寒，主要分布在热带、亚热带和温带南部地区，从赤道

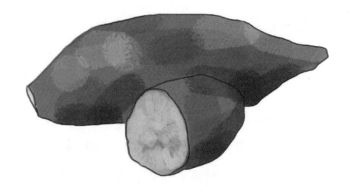

到北纬 45 度，都能看到它们的身影。欧洲第一批红薯是由哥伦布于 1492 年从美洲带回，然后经葡萄牙人传入非洲，再由西班牙殖民者传入亚洲。而红薯最初引入中国是在明朝万历年间，当时，福建人陈振龙常到吕宋（现今菲律宾）经商，在那里发现了这种产量很高且生熟皆可食用的植物。当时，西班牙殖民政府严格禁止红薯出口，陈振龙想尽各种办法，最终将红薯藤编入船上的绳子中，才带回中国。红薯的适应能力很强，在一般小麦、水稻难以种植的沙质土壤中都可以栽种。在饥荒年代里，红薯养活了成千上万的灾民，在历史上留下了浓重的痕迹。在徐光启的《农政全书》中就提到"闽广人赖以救饥，其利甚大。"经过广泛种植，红薯逐渐成为我国主要粮食作物之一，在历史上为千家万户提供了口粮，在社会经济中占据了重要地位。

红薯不仅能让大家"吃饱"，也能让大家"吃好"。寒冷的冬天，一口热腾腾的烤红薯让你从嘴里甜到心里。四川的红苕泥，黄红油亮、甜脆可口；陕西的醋熘红苕丝，酸辣脆嫩、风味别致。此外，福建的"荔香薯片"、湖北的"桂花红薯饼"等，都是闻名遐迩的地方风味。红薯配以冰糖和蜂蜜用小火焖煮，可制成色泽橘红、入口软中带韧的"蜜汁红薯"，更突出红薯的风味特色。红薯蒸熟捣烂碾成泥与面粉掺合后，可制成各类糕、包、饺、面条等。干燥研磨成红薯粉，加蛋类可制成蛋糕、布丁等点心。红薯酿酒，制果脯、粉丝等，也都具有各自独特风味。原来红薯可以做成这么多的美味，你是不是垂涎欲滴了呢?

红薯不光好吃,还具有很高的营养价值。红薯富含蛋白质、膳食纤维、多酚类物质、维生素、矿物质元素等多种人体所需的营养成分,是全球公认的营养食物之一。中国居民膳食指南推荐每日摄入薯类 50 到 100 克。由于品种及种植环境的不同,红薯所含营养成分存在较大差异,例如红心薯维生素 A 含量较高,白心薯热量较高。

与其他植物来源的蛋白质相比,红薯块根中的蛋白质种类丰富。红薯含有 18 种氨基酸,其中 8 种人体必需氨基酸的总含量达 39%,明显高于大豆、花生、芝麻等作物所含的植物蛋白质。因此,红薯块根中的蛋白质是一种营养价值很高的优质植物蛋白。除此之外,红薯蛋白具有清除自由基引起的氧化反应、抑制脂肪细胞及癌细胞增殖等作用,还有较强的胰蛋白酶抑制活性,在降低血脂、增强免疫力、抗癌及防治糖尿病等方面都有积极的效果,可以作为一种新资源保健食品。

红薯茎叶总膳食纤维含量为 6.26%—7.61%(鲜重),是除水分以外红薯茎叶的主要组成成分。膳食纤维不能被人体直接消化吸收,但在大肠发酵后能被吸收的植物组分、碳水化合物及其类似物,包括多糖、纤维素、半纤维素、木质素等。红薯膳食纤维主要由纤维素和半纤维素组成,也含有少量木质素。红薯茎叶中的膳食纤维含量明显高于红薯块根,足以媲美一些高膳食纤维含量的蔬菜。

在大多数发达国家，多酚类物质作为健康组分普遍存在于人们的饭桌上，且多酚类物质的需求量也逐年增加。红薯中的多酚类物质分为两大类：黄酮类和酚酸类。黄酮类物质主要存在于红薯块根中。此外，红薯茎叶中含有槲皮素及糖苷，也属于黄酮类物质。红薯的酚酸类物质由咖啡酸和咖啡酰奎宁酸类衍生物组成，通常存在于叶、柄、茎和块根的所有部位，是一个很好的多酚物质来源。

除此之外，红薯还有很多你意想不到的功能。目前人类仍无法治愈大多数癌症，而红薯可以有效地抑制结肠癌和乳腺癌的发生，还能有效地阻止人体内的糖类变为脂肪，有利于减肥、健美。它在抗氧化、抗突变、抗炎症、抗癌、抗病毒及保护心血管等方面发挥了多种作用。

说完这些，大家对红薯有没有一个全面了解呢？

改变世界面貌的甜味之源：甘蔗

陈 彬

甘蔗的起源

甜味是一种基本的味觉，主要源自食物中的小分子碳水化合物。由于在获得能量的同时还能产生甜蜜的感官体验，人类追求甜味食物的历史亘古绵长。除了蜂蜜，可以提取蔗糖的甘蔗是人类开发的最重要甜味食物。

甘蔗和水稻、大麦同属于禾本科，是禾本科甘蔗属植物，全球有35—40种。它们的光合作用效率高，能在茎秆中积累大量蔗糖。大约6000年前，新几内亚地区的巴布亚人从野生甘蔗中选择茎秆粗壮、味道甜美的个体

移栽到村落周围，用于喂猪。随后野生甘蔗扩散到南岛语族地区，与在亚洲、非洲、大洋洲和太平洋岛屿地区广泛分布的甜根子草杂交。跟随着南岛语族先民迁移的脚步，约3500年前，野生甘蔗向东扩散到波利尼西亚和密克罗尼西亚群岛，约3000年前向北扩散到中国和印度，进一步与竹蔗和细秆甘蔗杂交改良，进而向欧亚大陆和地中海地区扩散，最终遍布全球热带和亚热带地区，形成了多样的品种，包括鲜食、榨糖、观赏等多种类型。

中国甘蔗种植史

来到中国后，甘蔗首先在华南地区栽培，然后逐渐向北发展。公元前4世纪后期的《楚辞·招魂》中已提到"柘浆"（"柘"是甘蔗的古称）。这说明我国在2400多年前就已栽培甘蔗，而且不仅可以咀嚼生吃，还可加工成蔗浆后再利用。汉代以前，甘蔗已推广到两湖地区。三国时曹丕就喜欢吃甘蔗，赤壁之战后曹军败退，曹丕"南征荆州，还过乡里，舍焉，乃种诸蔗于中庭"。到魏晋南北朝时期，甘蔗已遍布江南和四川等地。唐宋时期，唐太宗时曾派人向印度学一种做糖的方法，提高了固体糖的品质，糖的商品化生产日益发达，逐渐出现了种蔗、制糖及贩糖的专业户。明朝末年，中国发明了白砂糖生产工艺，成为当时世界上技术最先进的制糖大国。到了清朝，甘蔗分布已向北推进到今河南省汝南、郾城、许昌一带，福建、台湾成为中国乃至全球重要的制糖中心。

16 世纪时，广东、福建的移民在菲律宾的吕宋岛推广甘蔗生产，用蔗糖换回吕宋岛的金银。中国商人还将蔗糖生意拓展到荷兰东印度公司占据的巴达维亚（今印度尼西亚雅加达）。顺治五年（公元 1648 年），华侨潘明岩在巴达维亚设立糖厂，开创了印尼制糖业的先河，到 1710 年，当时印尼记录在案的糖厂只有 130 家，而华人糖厂高达 125 家，其余 1 家为官办，4 家为荷兰人的糖厂。华人制糖厂的产品不但出口东南亚各国及欧洲，还打入另一个蔗糖故乡——印度的市场。印度甚至承认白砂糖是中国的特产，在印地语中，糖被读作"cheeni"，意思是"中国的"。然而 18 世纪以后，随着帝国主义的打击和侵略，中国失去了对东南亚糖业的影响，失去了产糖基地台湾岛，洋糖肆意入侵中国市场，华人糖业陷入低谷。

中华人民共和国成立后，中国甘蔗栽培得到了恢复和发展，栽培面积和产量均迅速上升，形成以广西为中心的糖业新格局，综合利用水平不断提高，年产蔗糖达到几千万吨，我国的蔗糖行业进入了世界先进行列。

欧美甘蔗种植史

欧洲人最早知道蔗糖，是在公元前 4 世纪亚历山大大帝东征攻入印度北部时，在那里发现了一种"不是由蜜蜂制造的固体蜜"，它"非常非常甜"。从那时起，极少量的印度蔗糖被商队带到欧洲。从此，欧洲语言中有了表述"糖"的词。

从今天的土耳其到意大利东部岛屿以及西班牙、摩洛哥等地都有甘蔗种植。

蔗糖的生产需要许多水、稳定的气候条件及大量人工。欧洲人学会甘蔗种植和蔗糖提炼技术后，他们在进口蔗糖成品的同时，也在自己统治的区域种植生产。一开始，蔗糖和来自遥远亚洲的香料一样，在欧洲是极为贵重的稀罕物、奢侈品和药品，仅在权贵阶层和上流社会中流传。在开始种植后的 500 年里，糖被作为药物使用外，还被用作装饰品、香料和防腐剂。

15 世纪末，蔗糖的生产中心从地中海地区转移到大西洋上的马德拉群岛、加纳利群岛以及西非几内亚湾的圣多美岛，在这些地方，开始大规模发展使用奴隶制作蔗糖的种植园。随着产量逐步增加，蔗糖渐渐褪去了药品标签，虽然仍旧价格不菲，但已经不是上流社会的专属物品了。蔗糖生产成为当时最有利可图的产业，由于前面提到的几个岛屿的面积有限，欧洲人迫切需要找到能够大量种植甘蔗的新土地。这时恰好哥伦布发现了新大陆，甘蔗被带到了新世界——美洲。

中南美洲雨水充沛，土地肥沃，在甘蔗被欧洲殖民者引入之后，这里迅速成为全世界的蔗糖生产中心。起先是在西班牙的殖民地牙买加等岛屿，然后扩展到葡萄牙人的殖民地巴西。17 世纪后，由当时的"海上马车夫"荷兰为中介，甘蔗被移植到英属的巴巴多斯岛和法属的马提尼克岛等，整个加勒比海地区大大小小的岛屿上，都密密麻麻种植了甘蔗。

为了获得劳动力，殖民者们疯狂地从非洲贩运黑人到美洲甘蔗种植园当作奴隶使用。奴隶贸易和蔗糖生产紧密联系，世界贸易形成了两个"金三角"：一个是英国的工业制成品被运往非洲，非洲的奴隶被运往美洲，美洲的热带商品特别是蔗糖被销往欧洲宗主国及其重要邻国；还有一个是从美国的新英格兰地区将朗姆酒运到非洲，把奴隶运到美洲，再把蔗糖运回新英格兰。

据统计，从 16 世纪到 19 世纪，欧洲殖民者跨越大西洋将非洲奴隶贩运到中南美洲地区的数量在一千万人以上。难以想象，蔗糖这种甜美的商品在历史上竟浸染了千千万万非洲黑奴血泪，埋葬着他们的尸骨！

大米怎么变色了？

郁 旺

在我们的印象中，大米应该是晶莹纯洁的白色。这也难怪，毕竟我们吃的大米其实是水稻的籽粒经过碾米加工而成的。在碾米的过程中，谷壳、水稻籽粒表面的一层称为糊粉层的物质，以及将来能够长成水稻植株的胚均被去掉了，剩下的是富含淀粉的部分，称为胚乳。由于胚乳 90% 以上的干物质是淀粉，因此普通大米自然就呈现白色了。

不过，在科学家的妙手下，大米有了更加鲜亮的色彩。前不久，华中农业大学的科学家培育出一种胚乳是橙红色的

大米。让大米呈现橙红色的秘密，是一种来自动物的色素——虾青素。没错，就是那种让螃蟹、大虾在煮熟后呈现诱人橙红色的色素。那么，科学家是如何让大米中出现原本属于虾蟹的色素的呢？

原来，科学家利用基因技术，改变了水稻胚乳中控制物质合成的酶系统，让胚乳细胞能够合成原本不能合成的物质。这就好像在胚乳细胞这个"工厂"中新加入了"技术工人"（基因），开辟了一条新的"生产线"。不过说起来轻松，真要将这些"技术工人"请入"工厂"，并不是一件容易的事情呢！

首先，要选择恰当的"技术工人"，也就是能够编码相应酶的基因。虾青素是一种胡萝卜素类物质。需要胡萝卜素生产线上存在四个特殊的"工人"按照顺序高效工作，才能源源不断地合成虾青素。其实，水稻本身就拥有这四位"工人"，但是他们都太不给力，工作效率很低、甚至不工作。因此，在普通水稻中是完全不存在虾青素的，需要科学家从其他生物体内"请"来更加"勤奋"的"工人"。

找到了需要的"工人"，他们怎么进入到水稻细胞工厂中呢？科学家借助一种叫作"农杆菌"的细菌充当运输四位"工人"的"大巴车"，将"工人"转移到水稻细胞内。为了让他们能够在正确的时间"开工"，科学家采用了一类被称为"胚乳特异性启动子"的 DNA 序列进行控制。在水稻胚乳细胞中，合成胡萝卜素类物质的过程发生在一个被称为"质体"的"车间"。为了让四位技术工人正确地进入"车间"，科学家给每人添加了一个"通行证"——一段能够编码定位肽的片段，有了它，这些"工人"们就能准确进入"车间"工作啦！

经过这些精巧的控制，加上这些"工人"们准确、顺利和高效的工作，在水稻胚乳中，虾青素就这样被源源不断地合成出来，大米的颜色也就逐渐由白色变成了鲜亮美丽的橙红色了。

那么，科学家为什么要让大米变红呢？是为了好看吗？当然不是。红色的大米不仅好看，而且更有营养。虾青素是一种十分高效的抗氧化剂，能够帮助我们减少体内的自由基，从而减少自由基对细胞的损伤。

其实，这已经不是科学家第一次让大米"变色"了。在2005年，科学家采用类似的技术培育出了一种胚乳呈金黄色的"黄金大米"，让大米穿上一身"金装"的是 β－类胡萝卜素。β－类胡萝卜素在人体内能够被分解为维生素 A，从而起到治疗夜盲症、维生素 A 缺乏症等作用。在东南亚和非洲的一些贫困地区，由于蔬菜瓜果的缺乏，很多人的维生素 A 摄入

量不足，这种黄金大米能够成为这些以水稻为主食的人口摄取维生素 A 的好来源。所以说，这些彩色的大米不仅好看，也是人类健康的"守护神"呢！

咖喱飘香： 姜科植物

黄 秀 田代科

咖喱是由多种香料调配成的酱料，它起源于印度，深受世界各国人民的喜爱，并衍生出许多变体。咖喱包含的香料可达几十种之多，有"香料总汇""世界之香"等美称，不同地区甚至不同家庭都有自己独特的配方。

不管配方如何变化，咖喱的香气总是让人闻之食欲大振、食之口齿留香，而关键就在于各种香料之间的美妙平衡。咖喱香味的灵魂，来自姜科植物中的香料。比如姜黄，在印度人创造的咖喱里，不论色香味，它都是主角。姜黄的原产地不明，现在广泛栽培于印度、中国及其他热带亚热带地区亚洲国家。姜黄的淡黄色小花集合成火炬一

样的花序，外围是保护小花的苞片，上端的苞片常有红晕，比小花朵更惹人注目。姜黄的食用部分是它的地下块茎，外形和生姜相似，切开后，它的块茎为更加明亮的橙黄色，芳香却少辛辣的气味与生姜不同。咖喱中用到的姜黄，就是这种地下块茎干燥后磨成的粉。加入姜黄粉的咖喱呈明黄色，散发着姜黄独有的香气，"金黄色"和"姜黄味"是印度咖喱最基础的特征。以至于人们闻过姜黄粉后，都禁不住道：这不就是咖喱的气味吗？在印度咖喱里，姜黄是主要的香料。

印度民间传说咖喱是释迦牟尼所创，有证据表明在公元前2600年左右，就有用于制作咖喱的相关工具。考古学家更是发现，从印度次大陆上有第一批居民起，姜和姜黄就已经作为香料在使用了。17世纪英国人来到印度，接触并喜欢上了咖喱。之后，随着英国的殖民脚步逐步将咖喱带向世界。从此，姜黄作为咖喱的主要香料吸引了全世界的瞩目。

姜黄还是一种天然的染料。它的地下茎中含有的姜黄素赋予了咖喱明亮的黄色，也给布料、食物增添了鲜艳色彩。姜黄甚至用在了化妆品中。现代医学研究还发现：姜黄素具有抗癌症、抗氧化、抗炎症等功效，对于阿尔茨海默病、帕

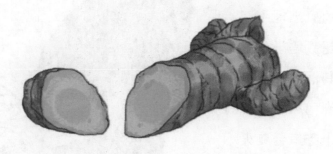

金森病、糖尿病、抑郁症等疾病也有明确的治疗作用。在医学领域，姜黄成为了名副其实的"国际巨星"。

除了姜黄，咖喱里来源于姜科的香料主要还有姜、小豆蔻这两种。

姜常被称为"生姜"，我们食用的也是它的地下茎。鲜姜或干姜都可用于烹饪，具有较强的芳香味和辛辣味。它与姜黄一样，作为香料使用的历史悠久。最初的咖喱中并没有添加辣椒，主要靠姜提供辣味。中国人的生活少不了姜，做菜时用它去腥增香；受凉时喝点姜茶驱寒；晕车时含上姜片舒缓。幼嫩的生姜（仔姜）可做蔬菜，还可做果脯，更是一味上等中药。孔子曾说"不撤姜食"，意即饮食不离姜。可见早在两千多年前，姜就常用于中国人的菜肴中了。在欧洲，姜曾是一种昂贵的香料，只有在圣诞节等重要节庆时，才能吃到由姜制作的姜饼，久而久之，姜饼也成了圣诞节的一种传统美食。

小豆蔻的果实（主要是种子）用作香料，具有浓郁的甜美香气，被称为"香料王后"，是世界上最贵重的香料之一。小豆蔻原产于印度南部和斯里兰卡等地，已经有 5000 多年的使用历史，是最古老、最重要的香料之一。小豆蔻除了给咖喱增加香气和风味，也常被加入其他各式菜肴，甚至是各种烘焙食品、甜点和咖啡里，用途十分广泛。小豆蔻在北欧、西亚和北非等地区是常使用的姜科植物，是那里人们最钟爱的一种香料。

姜科中还有两种"姜"也赫赫有名，时常出现在咖喱里。一种是高良姜，又名"良姜"，在南亚、东南亚地区广泛使用。高良姜是泰国传统美食冬阴功最核心的香料之一。中国的潮汕地区对高良姜尤为喜爱，将之用在各种食品里。另一种是沙姜（山奈），国内常用来调配咖喱粉，在广东地区得到了最大限度的利用，它也常出现在川菜里。

咖喱走向世界的每一步，都伴随着姜科香料的香气飘逸，俘获了无数人的心。而另一种闻名世界的中国美食——火锅，同样也少不了姜科香料植物的参与。曾有一位中医学博士调查了我国四种典型火锅使用的香料，共计 67 种，来源于 82 个物种（有几种物种作为一种香料，同名异物），其中姜科植物最多，有 15 个物种。姜科植物种类之多、在香料植物中的地位之重，可称得上"香料大科"了。姜科香料植物不仅丰富了人类的饮食，也深刻地影响了人们的生活。

"惹人厌恶" 的薇甘菊

郁 旺

　　说起菊,我们头脑中浮现出的大多是深秋开放、气质高洁、千姿百态的菊花。不过在现实中,菊科可是一个由近3万种植物组成的大家庭。它们之中有美丽的花,也有不起眼的草。有些给我们带来美的享受,而有些则带来了极大的困扰。薇甘菊就是其中"臭名远扬"的一种。

　　"薇甘菊"的名字听起来挺美——"薇"在古代,是野豌豆的芳名,而"甘菊"则是一种秀丽洁白的菊科野花,二者合一,体现了薇甘菊爬藤和菊科植物的双重属性。乍看上去,薇甘菊和它的"菊科亲戚"给人的印象相差甚远: 在对生、三角卵状的叶片基部,开出一堆细碎的小白花,

99

一点也看不出菊科植物那典型的头状花序。不过，如果你仔细观察的话，还是能看出一些端倪：原来，薇甘菊的头状花序已经简化到只由 4 朵管状小花构成，而这样"简陋"的头状花序又上百个成串一起构成一个大型的圆锥状花序，因此它看上去不像菊科植物，也就不难理解了。

在有些资料上，薇甘菊还有小花蔓泽兰或小花假泽兰的称呼，这反映出它菊科蔓泽兰属（也称假泽兰属）的"家底"，具有能够爬藤和攀缘的"蔓"性。然而也正是这种特性，使得薇甘菊成为了我国危害最为严重的入侵植物之一。在《中国第一批外来入侵物种名单》中，它的大名赫然在列。

入侵植物凭借各自的特性，在新家园"横行霸道"，薇甘菊当然也不会"落后"。同时拥有强大的有性和无性繁殖能力，是它能够成为入侵植物的"超级武器"。薇甘菊的一个头状花序虽小，但在极大总数的加持下，产生的种子量十分可观。单单一条茎上就能开出约 10 万个头状花序，意味着能够生产约 40 万粒种子。这些小而轻的种子带有蒲公英一样的冠毛随风飘荡，落下后萌发，又开辟出新的"领地"。尽管薇甘菊的种子发芽率只有约 10%，但骇人的种子数足以弥补其萌发率低的缺憾。

薇甘菊还具有强悍的无性繁殖能力。它的叶腋处能长出新的枝条,在节的位置还能长出不定根,起到固着和吸收水分、无机盐的作用。如果主茎被切断,分离下来的枝条也能长成一个新的个体。对于这种处处能生根存活的藤蔓来说,"一刀切"只能是徒劳无功。薇甘菊生长十分迅速,一株薇甘菊的所有枝条,短短一天之中蔓延的长度总和就可超过一千米,这种恐怖的蔓延速度,正是其英文俗名"Mile-a-minute Weed"(一分钟一英里草)的来源。

薇甘菊的危害主要体现在它的杀手锏——"死亡缠绕"上。薇甘菊十分善于攀爬,一旦攀附上其他植物,它那快速的蔓延速度,能很快覆盖被缠绕的植物,甚至十余米高的大乔木也不能幸免。薇甘菊就像厚厚的毯子一样遮挡住阳光,让"被害者"因失去光照慢慢枯萎乃至死亡。另一方面,薇甘菊能够通过根系和落叶向土壤中释放化感物质,抑制其他植物的种子萌发和植株生长。据测算,在薇甘菊泛滥的马来西亚等地,橡胶树种子发芽率有时甚至会降低 25% 以上;而另一类经济作物油棕,产量也会降低约 20%,每年造成的经济损失高达上千万美元。

薇甘菊的老家是中南美洲,在 20 世纪中期被作为地被植物引入东南亚,从此一发不可收拾。我国最早于 1884 年香港动植物公园就有栽培,1919 年在哥赋山第一次记录有逸生。目前,在广东地区的路边树林等地,随处都能看见薇甘菊的身影，甚至在 2021 年上半年发现最北扩散到了浙江温州。多亏薇甘菊并不耐寒，这才暂时阻挡住了它想继续北上的步伐。

由于薇甘菊善于攀爬的特性，对付一般入侵植物的铲除法失去了用武之地。一来是一旦清理不干净就会死灰复燃，二来是清除薇甘菊时也容易伤害被其覆盖的植物而得不偿失。而利用化学法和生物法控制又存在污染和低效等问题。因此，对付入侵薇甘菊的战争，胜利依然遥遥无期，而这场战争的始作俑者，并非薇甘菊本身，却是将它扩散到异乡的人类自己。

疟疾的克星：青蒿与青蒿素

刘阿梅　田代科

中药以中国传统医药理论指导药材的采集、炮制、制剂，是中国的特产。中药的主要来源是植物，故有"诸药以草为本"的说法。地大物博的中国土地上蕴藏着丰富的植物资源，它们与我们的生活息息相关。植物不仅为我们提供食物，更为我们提供了良药，拯救了无数的生命。青蒿素就是中药现代化应用的成功范例之一，而它的发现者屠呦呦也因此荣获2015年诺贝尔生理学或医学奖。

青蒿素来源于菊科中的黄花蒿（青蒿），是一种扎根于

山野间的平凡野草，为一年生草本植物。中国女药学家屠呦呦研究发现，青蒿素可以显著降低疟疾患者的死亡率。

疟疾是经蚊虫叮咬或输血传播的虫媒传染病，是一种危及生命、具有毁灭性的全球性传染病。人类的疟疾症状与疟原虫复杂的生命周期密切相关。治疗疟疾主要依赖化学方法，使用的药物作用于疟原虫生命周期的不同阶段。通过查阅中医药典籍，收集用于防治疟疾的方剂和中药，屠呦呦带领的科研团队最初选择了 640 种可能对治疗疟疾有效的中草药进行研究，但初期结果并不令人满意。她不懈努力，更加深入地挖掘中医古籍和中药方剂，从东晋葛洪的《肘后备急方》中受到启发，带领团队改进了青蒿素的提取过程，得到青蒿中性提取物。结果发现青蒿提取物在治疗鼠疟、猴疟的实验中显示出治疗疟疾的高效性。此后，青蒿素及其衍生物成功治愈了成千上万的中国疟疾患者，并推广到亚洲其他疟疾流行地区和非洲疟疾重灾区。数十年的临床结果和数据统计都证明了青蒿素的疗效和安全性。2005 年世界卫生组织正式推荐 3 天的青蒿素联合疗法作为抗击疟疾的一线疗法。随着青蒿素药物走出国门，在全世界被广泛应用，疟疾患者的死亡率如今已显著降低，从此人类对抗击疟疾有了"利器"。到目前为止，青蒿素联合疗法是全世界最有效的抗疟疗法。

2015 年，85 岁高龄的屠呦呦摘取了诺贝尔奖，成为中国科学家在本土进行科学研究而荣获诺贝尔奖的第一人。这是中国医学界迄今为止获得的最高奖项，也是中医药成果获得的最高奖项。诺贝尔生理学或医学奖是根据已故瑞典化学家诺贝尔的遗嘱而设立的世界性奖项，用于表彰在生理学或医学领域作出重要发现或发明的人。早在 1902 年和 1907 年，英国的罗斯和法国的拉韦朗就曾因他们在疟疾起源研究方面做出的杰出贡献分别获得了诺贝尔生理学或医学奖。诺贝尔委员会称屠呦呦的获奖理由为：这对一些最具毁灭性的寄生虫疾病的治疗具有革命性的作用。

青蒿素的发现和药物开发还凝聚着一大批中国科学家的智慧，是他们共同努力的结果，具有划时代的意义。青蒿素是中医药送给世界的礼物。

在人类防控疟疾的过程中，疟原虫对抗疟药的耐药性是一个反复出现的问题。尽管以青蒿素为基础的联合疗法是世卫组织认可的现有最佳治疗方法。然而，近年来恶性疟原虫对该疗法也开始出现了耐药性，严重威胁疟疾的防控。可喜的是，近期《柳叶刀》发表的一篇重要论文为此带来了潜在解决方案："以青蒿素为基础的三联疗法治疗恶性疟疾安全有效，可能会延迟耐药性的出现和传播。"在一定程度上，这项研究也印证了屠呦呦团队此前在《新英格兰医学杂志》发表的观点：在可预见的未来，合理、战略性地应用，优化组合方案，青蒿素仍是抗疟首选。

奇妙的软黄金：棉花

刘阿梅

提到棉花，大家想到的会是洁白柔软的棉被还是温暖舒适的棉衣？那么棉花到底是什么样子的？棉衣、棉被是棉花经过何种加工程序做成的呢？其实，棉花不只有这些用途，它全身都是宝，具备很多特性来协助人类应对各种挑战，是名副其实的"软黄金"。

我们结合棉花的形态特性，来全面认识一下它的用途。棉花最广为人知的用途是作为一种纺织原料。日常生活中，随处可见各类棉质衣服、家具布和工业用布。棉花是锦葵科棉属植物，开出乳白色的花朵。虽然名字里带有"花"字，但其貌不扬的花并不是制作织物的原料，我们用的其实是棉花种子上的纤维。棉开花后不久凋谢，留下绿色小型的蒴果，称为棉铃。棉铃内的棉籽表面有茸毛，长长的、白色的茸毛塞满棉铃内部。待棉铃成熟裂开时，柔软的茸毛露出，也就是我们看到的一个个白色的棉球。茸毛其实就是纤维，白色或白中带黄，长约 2 至 4 厘米，含纤维素约 87%—90%，水分 5%—8%，其他物质 4%—6%。棉球摘下之后经过各种方法加工可以制成从轻盈透明的巴厘纱到厚实的帆布和厚平绒等多种类型的织物。通过特殊工艺方法使织物表面起绒，起到保暖作用；还能通过整理工序使棉织物防污、防水、防霉，提高织物抗皱性能，使其少烫甚至不需要熨烫，并降低织物洗涤时的缩水程度，大大降低了洗涤和保养的难度。这也是棉织物大受欢迎的原因。

虽然棉的"花"不能用作服装，但它也有自己的贡献。棉花是一种重要的蜜源植物，共有叶脉、苞叶和花内 3 种蜜腺，往往在开花前叶脉蜜腺先分泌花蜜。长江中下游地区棉花的花期在 7 月下旬至 9 月上旬，黄河中下游地区为 7 月初至 8 月初，新疆吐鲁番为 7 月中旬至 9 月初。蜜期约 40 天，泌蜜适宜温度为 35 摄氏度。新疆棉区一般群产蜜 10—30 千克，最高达 150 千克。在部分省区，棉花已成为夏秋的主要蜜源之一。

棉花还是很好的切花花材，棉铃成熟后裂开露出洁白的棉纤维，相比鲜切花更持久，作为插花花材使用非常受欢迎。

不仅好"吃"好看，棉花还是重要的油料作物。棉铃里面的棉籽成熟之后可榨油。棉籽油是沙拉油和食用油的原材料之一，氢化后可作酥油和人造奶油。榨油后的饼渣或籽仁可作为家禽和家畜的饲料。每年大约有9.1亿升棉花籽油被用来生产食品，比如薯条、黄油和沙拉调味品等。

棉花不仅是重要的纤维作物、油料作物，还是纺织、精细化工行业的原料来源和重要的战略物资。棉花原来是有这么多用途的"黄金"，拥有它的国家岂不是很富有！目前棉花产量最高的国家有中国、美国、印度等。但是棉花的原产地却不是中国和美国，而是印度和阿拉伯的亚热带地区。在棉花传入中国之前，中国只有充填枕褥的木棉，没有可以织布的棉花。宋朝以前，汉字只有带丝旁的"绵"字，没有带木旁的"棉"字。很多带"绵"字的成语都是丝字旁。比如连绵不断、福寿绵长、绵绵不绝等。"棉"字是从《宋书》起才开始出现的。棉花大量传入内地大约在宋末元初，关于棉花传入中国有一段记载是这么说的："宋元之间始传种于中国，关陕闽广首获其利，盖此物出外夷，闽广通海舶，关陕通西域故也。"从此可以了解，棉花的传入有海陆两路。

泉州的棉花是从海路传入的，并很快在南方推广开来；陆路的推广则迟至明初，是朱元璋用强制的方法才推广开的。现在中国的江淮平原、江汉平原、南疆棉区、华北平原、鲁西北、豫北平原都广泛种植棉花。曾经昂贵的棉制品，现在已经成为家家户户必备的日常生活用品了。

世界油王：油棕

郁　旺

很多人都爱吃香脆的煎炸食品，而制作煎炸食品离不开食用油。我们日常生活中用的食用油主要来自植物，常见的有菜籽油、大豆油、花生油、玉米油等，堪称厨房用油的"四大金刚"。不过在这四大金刚的背后，还有一名神秘的油料大佬，它虽然极少以桶装油的形式出现在超市或家庭厨房中，却几乎掌管了我们所吃的每一桶方便面、每一口膨化食品和每一块煎炸零食。这个神秘大佬就是棕榈油。生产棕榈油的是一种神奇的植物——油棕。

第一眼看到油棕，很多人会诧异：这不是棕榈

吗？没错，油棕是棕榈科
植物。油棕有着巨大的、
羽裂状叶片和粗壮的、三
棱形的叶柄，它们呈螺旋
状层层交叠，着生在直立
的茎干上。掉落的老叶留
下的叶柄，成为茎上突出
的"鳞甲"，而在叶柄基部之间还存在大量由叶柄基部边缘
分裂而来的棕毛。在野外，油棕能够长成近十米高的大树，
乍一看和椰树有几分相似，因此在台湾等地，油棕又有油椰
子的俗名。

　　那么，油棕的油是哪里来的呢？是它的枝叶还是茎干？
其实都不是。油棕最夺人眼球，也是利用价值最高的当属它
那大串的果实。油棕的花序生长在叶柄基部的叶腋处，雄花
序是一大束棒状物，上面密布小小、黄褐色的雄花；雌花序
则紧实粗壮得多，外形呈粗糙的球状，上面布满深色、球状
的雌花。在原产地，油棕的授粉是由几种小小的象鼻虫来完
成的，而在商业化种植的地区，则需要进行人工授粉，以获
得更好的收成。

　　成熟的油棕果实呈现出诱人的红宝石色，厚厚的橙色果
肉下，是黑褐色的硬质内果皮。打开内果皮，露出白色的、
颇似椰肉的仁。这橙色的果肉和白色的仁，正是油棕两大最
为著名的产品——棕榈油和棕仁油的来源。

油棕果肉中油脂含量可达 40% 以上，通过传统的捣碎蒸煮方法，或是现代化的浸出、萃取工艺，就可获得棕榈油。粗榨棕榈油的颜色通常为橙红色，即使经过精炼也通常带有较深的黄色，这是因为果皮中含有大量 β 胡萝卜素。油棕仁的油脂含量也相当丰富，经过榨取，获得的是颜色较浅的棕仁油。

因为棕榈油口味比较清淡，而且加热后稳定性很好，因此成为了食品工业非常理想的煎炸用油。大量的煎炸食品，如我们熟悉的方便面、膨化食品、油炸类食品等，都是用棕榈油煎炸出来的。如果不信，快去翻翻这些食品的配料表，一定能找到棕榈油的身影。正是因为棕榈油如此广泛的应用，使它成为了世界上产量最大的食用油脂，年产量近 7000 万吨。要知道我们熟知的大豆油年产量为 5400 万吨，相比之下少了 1600 万吨呢！而且油棕并没有固定的开花、结果时期，只要环境适宜，它便能持续不断地开花结果。根据统计，一公顷油棕一年产棕榈油量可高达 4 吨，此外还能产 0.5 吨左右的棕仁油，单产比大豆油高出 6—10 倍，因此给它"世界油王"的美称毫不过分。

油棕的这种高产果实及油的特性，得益于它热带植物的属性。油棕原产于如今安哥拉、冈比亚一带的非洲西南部湿热河谷丛林中。在大航海时代，棕榈油作为一种非洲的特产，是跨大西洋航海贸易中重要的物资之一。不过，油棕本身"走出非洲"的历史并不长。由于喜欢湿热的油棕无法忍受欧洲较冷的气候，因此向欧洲的引种尝试都以失败而告终，直到19世纪末，油棕才被引入中美洲加勒比海地区及东南亚地区。在东南亚，适宜的气候让油棕得以茁壮成长，从而形成了大片连绵不绝的油棕田。

　　"世界油王"改变了人类的餐桌，也改变了地球的样貌。油棕种植面积一路大增的背后，是以东南亚和西非地区雨林面积的步步萎缩为代价的。据统计，东南亚地区消失的雨林面积中，有1/4是因种植油棕而遭毁坏的。尽管有国际组织早已公布相关标准，旨在减少油棕种植对雨林的毁坏，但滥伐甚至烧荒行为仍时有发生。世界油王背后复杂的人类需求和生态保护之争，它的未来掌握在我们每个人的手中。

辛辣之王：辣椒

田代科

世界上的美食种类繁多，每个国家都有自己的花样和特色。除了强调食材本身之外，美食更离不开加工、烹饪技术及调味品的辅佐。在众多调味品中，辣椒、胡椒、花椒、八角、姜、蒜、葱、香菜等最为常见，这些天然调味品深受大家喜爱。

辣椒，自从它离开美洲原产地后就不断在世界各地传播，如今可以说无处不在了。辣椒不仅是一种重要的蔬菜，也是种植面积、产量和消费量最大的调味料。我国是全球最大的辣椒生产和消费大国，据 2018 年报道的数据，全国的辣椒种植面积达 3000 万亩，占蔬菜种植面积的 12% 以上，产量达 4000 万吨，已形成六大产区和八大流通集散地。

在古代，辣椒又被称为番椒、海椒、秦椒等等，表明它外来者的身份。而在今天的中国，已形成一个以四川、贵州、湖南为核心的"吃辣者联盟"。俗话说"四川人不怕辣，湖南人辣不怕，贵州人怕不辣"，可见这三省吃辣椒有多厉害。

也许你天天吃辣椒、常常吃麻辣火锅，可是对辣椒并不一定十分了解。考考大家，辣椒从哪里来？辣椒何时来到中国？全世界辣椒有多少种多少个品种？哪种辣椒最辣？除了用于吃，辣椒还有其他哪些用途呢？

辣椒从这里走向世界！

辣椒原产于美洲，主要集中在中美洲和南美洲，这里也是最早种植和食用辣椒的地方。美洲原住民食用辣椒的历史可以追溯到遥远的石器时代，墨西哥南部一个洞穴的地层考古证据分析表明，野生辣椒被当作食物可追溯至 8000 年前，栽培历史可追溯到 6000 年前。公元 1492 年，带着对香料和其他奢侈品的需求，在西班牙王室的资助下，意大利航海家哥伦布率领他的船员来到美洲，第一次见到一种圆形小果实的辣椒，错误地把它当成胡椒。在哥伦布当时的日记中，他兴奋地写道："这里有一种红色的胡椒，产量很大，每年所产可装满 50 艘商船；这里的人不管吃什么都要放它，否则便吃不下去，据说它有益于健康。"

正是这种阴差阳错地把辣椒误当成胡椒的发现，哥伦布最终把辣椒从美洲带到欧洲，给欧洲的烹调风味带来颠覆性影响。更难以预料的是，百年之后的中国、印度、泰国、越南等亚洲国家的饮食文化也因辣椒发生了革命性的变化。

辣椒是何时来到中国的？

　　辣椒是于明朝传入中国的。根据推测，最早可能在1516—1521 年间由葡萄牙商人从广州第一次带入中国，然后从东南沿海逐步向西北内陆传播。目前已知中国最早有关辣椒的记录，是明代戏曲家高濂于万历十九年（1591 年）隐居杭州西湖时所著《遵生八笺》中提到"番椒"，并对其性状进行了简单描述。在清代的地方志中，最早出现辣椒记载的也是浙江地方志。据此记载推断，辣椒进入中国的时间为嘉靖十九年（1540 年）前后，由葡萄牙人在浙江宁波双屿岛进行走私贸易时带入。由于缺乏详细的记载，辣椒最早是何年于何地进入中国的可能永远是个谜。

辣椒究竟有多少种和多少个品种？

　　一般认为野生的辣椒在 35 到 38 种之间，但确切有多少种还有待分类学家进一步研究确定。其中，5 个种栽培最广，

分别是：辣椒、浆果状辣椒、灌木状辣椒、绒毛辣椒和黄灯笼辣椒。在中国，大家平常熟悉的那些辣椒主要来源于 3 个经过栽培驯化的辣椒后裔：辣椒、黄灯笼辣椒和灌木状辣椒。有趣的是，黄灯笼辣椒的拉丁学名种加词为"chinense"，

即"中华的""中国来的""中国产的"之意，因此黄灯笼辣椒又叫中华辣椒。其实，这属于当时地理认知的错误：1776年，荷兰内科医生雅克恩从新大陆（加勒比海）采集到辣椒种子，误认为此辣椒来源于中国，遂命名为中华辣椒，错误的命名由于长期使用而成为约定俗成的称呼，一直沿用至今，但其背后其实隐藏着这样一段有趣而曲折的故事。

全球辣椒的颜色和形态多样，类型丰富，品种更是有几千个。我国湖南省农业科学院蔬菜研究所邹学校院士团队建有全球最大的辣椒种质资源库，收集和保存国内外辣椒种质资源多达3200多份。

世界上哪种辣椒最辣？

美国科学家史高维尔在1912年第一次制定了评判辣椒辣度的单位。将辣椒磨碎后，用糖水稀释，直到察觉不到辣味,用这时的稀释倍数来代表辣椒的辣度。为纪念史高维尔，所以将这个辣度标准命名为史高维尔指数，而"史高维尔指标（SHU）"也成了辣度单位。如今，史高维尔品尝判别辣度的方法已经被仪器定量分析所替代，但这一定量单位体系还是保留了下来。

辣椒成熟果实的辣椒素含量越高，辣度就越高，可达10—100万SHU。2017年，

英国果农史密斯本计划培植一棵好看的辣椒树去英国伦敦参加世界著名的切尔西花展，没想到培育出了世界上最辣的辣椒，名为'龙之呼吸'，其辣度超过248万SHU，打败了拥有吉尼斯纪录的'卡罗来纳死神'辣椒的220万SHU，也超过美国军队所用胡椒喷雾的200万SHU。如果有人吃了它，可能会烧伤呼吸道，造成呼吸道关闭，导致过敏性休克。但是，

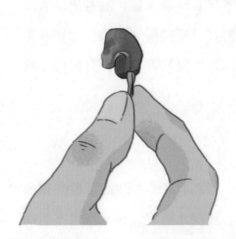

这种辣椒有着极高的医学研究价值，可以用作局部麻醉剂。然而，'龙之呼吸'的辣度至今还没通过吉尼斯官方认证，据说是因为这株辣椒的性状不太稳定，因此'卡罗来纳死神'如今依然还是世界椒王。

除了吃，辣椒还有其他哪些用途呢?

辣椒除了通常作为蔬菜和调味料，还可作为药用，有抗癌、镇痛、消炎等功效。辣椒还有诸多保健功能，如促进血液循环，防止高血压、心血管疾病；促进食欲、改善消化、减肥；缓解发烧和感冒等症状。此外，辣椒还可用来观赏，如五彩椒就是很好的盆栽观果植物；一串串红通通的干辣椒挂在门前窗外不仅代表丰收，也增添了一份吉祥喜庆。

了不起的杂交稻

郁　旺

　　民以食为天。人们要生活，离不开各种食物。在我们所吃的食物中，大米可以说是最为重要的。根据统计，全世界有超过一半的人口是以大米作为主食的。除了直接做成米饭食用外，大米还能做成米粉、米线、米饼、糍粑等很多其他类型的食物。可以说，大米养活了世界上大多数人口。

　　产出大米的植物，就是水稻了。水稻是一种古老的作物，根据科学家研究，在距今约8000年前，我国长江中下游地区就开始了水稻种植。然而，水稻尽管重要，但在历史上它的产量并不高，通常一亩地能收获400斤（200千克）都算高产了，并且还要"靠天吃饭"，

加上病虫害，产量很不稳定，难以满足全球日渐增多的人口需求，因此，人类正面临缺少口粮的风险！

不过，这种情形已经一去不复返了。经过我国育种家们的不断努力，目前我国水稻亩产已经普遍能够达到800斤（400千克）以上。2014年10月10日，'超优1000'水稻杂交品种的平均亩产更是达到2027斤（1013千克），创造了高纬度地区水稻产量的新纪录。2021年10月23日，在河北省邯郸市永年区硅谷农业科学院"杂交水稻"创高产示范基地，亩产高达1326.77千克，再次刷新了水稻大面积种植单产世界纪录！这一切，都应归功于水稻杂交技术带来的飞跃。那么，什么是杂交技术，人们又是如何做到水稻杂交的呢？

其实人们很早就发现，无论是植物还是动物，如果选用两个不同的种或品种进行杂交，产生的后代中往往会有一些兼具"父亲"和"母亲"优点的个体，这种现象被称为"杂种优势"或"杂交优势"。例如我们熟悉的骡子，就是马和驴杂交的后代；猪、牛、羊等各自进行杂交后，后代常常具有更优异的表现。在农作物中，棉花、番茄、玉米等作物，也通过杂交选育出许多优良品种。

杂种优势的原理在于在后代中融入亲本双方表达优良性状的基因。通常，控制优良性状的基因在它所在的基因座位上，是呈现显性的。因此，在杂交之后，亲本双方这些优良基因所控制的性状依然能够表现出来，从而形成杂种优势。

对于水稻来说，杂种优势同样适用。不过水稻的杂交更为困难，因为水稻本身属于自花授粉植物，它的雌蕊和雄蕊非常细小，并且有外部的颖壳包裹，人工杂交难以进行。因此科学家设想，如果能找到一个雄蕊不能产生花粉、或者花粉不正常的水稻品种，用它作母本，不就可以进行杂交了吗？如果还能找到一种水稻，它和前一个水稻进行杂交的后代能够保持雄蕊不育的特性，这样不就可以一直延续下去了吗？这就是著名的水稻杂交的"三系法"。

在这里，不得不提到一位伟大的农业科学家袁隆平。他的突破性贡献，就是在实验田中发现了水稻雄性不育的突变株，并发明了三系杂交法和之后的两系杂交法，从而能够方便、快捷地进行杂交作业。他和他的团队在杂交水稻的基础上，利用更新的技术，扩大杂交亲本的来源，并辅助以适宜的水肥与田间管理技术，产生出了产量再上新台阶的杂交水稻新品种——超级杂交稻。前面说到的'超优1000'，就是超级杂交稻家族中的一员。正是利用杂交优势，2018年袁隆平院士团队培育出了巨型稻（也称"巨人稻"），实现了袁先生"禾下乘凉梦"。该水稻高达2.25米，和姚明身高差不多，亩产高达1250斤（下页图）。

而要成就超级杂交稻的高产，需要好种、好肥、好法，三者相互支持，缺一不可。在育种方面，传统育种方法的繁

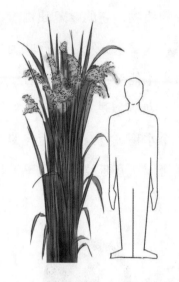

琐和长周期，已经无法适应培育研发新品种的需求，因此基于新的分子生物学手段的分子标记辅助育种技术被广泛应用到超级杂交稻选育中。传统育种中，人们只能通过观察进行筛选。而采用分子标记辅助育种，相当于给优良基因做了"标记"。只需要一点点叶片组织，分析其DNA序列，就能够方便地了解到相应基因存在与否、是否被整合到了后代植株当中，从而大大提高了筛选效率。

另一方面，新型不育系水稻的研发也对超级杂交稻的选育起到了推进作用。目前，科学家们已经对水稻雄性不育机制进行了深入的研究，培育出了众多携带有优良性状基因的雄性不育系水稻，为生产更高产优质的超级杂交稻奠定了基础。

此外，经过优化的灌溉、施肥、除草和防病虫害等田间管理，也能使得超级杂交稻的产量潜力达到充分发挥，在生产上保证了超级杂交稻的高产性。

如今，杂交稻不仅在中国被广泛种植（占水稻总面积的五成），为保障我国的粮食安全做出了重大贡献，而且，我国的杂交水稻及其栽培技术还走出了国门，积极服务其他国家，使若干人免于饥荒，甚至挽救了他们的生命。因此，我们得由衷感谢那位德高望重的中国科学家、"杂交水稻之父"——袁隆平。

植物与文化

谈到植物文化，也许每个人都能说出一二，因为植物同我们日常生活的联系太密切了！植物或为食物，或为香料，或为药物，或经加工成为各种服饰、家具和建筑物。此外，植物也是人类的精神食粮，观赏植物美化室内外环境、愉悦人们的心情。在人类与植物相处的历史长河中，沉淀出了丰富多彩的植物文化。

近代植物分类学的奠基人林奈发明了植物的人为分类体系和双名法后，植物分类学工作者都必须给每种新发现的植物一个稳定而合法的名称，方便科研和生产实践的有效交流，但真正知道这些名称含义的人并不多。你知道吗？其中一些植物名称的来历还充满传奇呢！

植物的寓意更是丰富有趣，一种植物在不同的国家、地区，不同种族心目中的象征千差万别。大多数国家都有国花甚至国树，但也有一些国家的国花国树至今悬而未决，包括我们中国。我国的植物种类十分丰富，被誉为"世界园林之母"，而且，当前已发现的种类数量已经超过巴西，成为世界第一。植物文化在我国源远流长，除了大家比较熟悉的四季名花、十大名花，我国同传统节日关联的植物也不少。中国的歌曲中也有许多是以植物的名称取名的，如《牡丹之歌》《茉莉花》《鲁冰花》等，可谓家喻户晓。植物文化也在不断创新，如中国进口博览会主场馆采用四叶草的叶片形状设计。而我国特有的银杏、水杉和珙桐都是举世闻名的植物活化石，在国际交流中扮演十分重要的角色，不断地谱写着中国同世界各国友好交流的篇章。（田代科）

植物寓意知多少

田代科

中国被西方学者誉为"世界园林之母"，不仅植物种类繁多，同植物相关的历史文化也十分悠久。在源远流长的中华文明中，植物承载了厚重的文化，也寄托了丰富多彩的美好祈盼。因此，对植物文化的学习是我们中华儿女的"必修课"。

在中国文化里，许多花不仅是花，更是某种高尚品质或文化精神的载体。它们或是象形，或是谐音，或是约定俗成。例如，和柑橘来自同一家族的佛手柑，它的果实形态如佛像张开的手指而得"佛手"美名；百合寓意百年好合，名字源于它的诸多鳞片重叠包裹，犹如百片抱合；君子兰叶色苍翠，花色艳丽，花大如火炬，同兰花一道在中国传统文化中象征品德高尚。此外，

名字里直接寓意吉祥的"发财树""幸福树""富贵竹"，已成为约定俗成的名字。"发财树"的学名叫巴拿马栗、瓜栗，叶子为掌状复叶，就像是招财进宝的手，因而获名。"幸福树"的学名叫菜豆树，因为株型秀丽、叶色翠绿、适合室内盆栽，能很好地美化家居环境，给人带来幸福感。"富贵竹"为天门冬科龙血树属的常绿植物，叶色翠绿叶片细长，茎节似竹节，因我国有"花开富贵，竹报平安"的祝辞，故得此雅名。

我国植物的文化内涵十分丰富，一种花卉往往不止一种寓意。

牡丹是春季名花。牡丹国色天香，也是我国的特产名花，被誉为"花王"，有雍容华贵、冠艳群芳、不畏权贵、自强不息的象征寓意。

牡丹在唐代最得宠，每当牡丹花团锦簇时，宫廷官家、文人墨客就会列筵赏花，诞生了众多咏牡丹的诗句。牡丹作为吉祥富贵之花，在民间流传广泛，很多吉祥纹样及剪纸、年画中都可以见到它的身影。凡与富贵荣华、幸福美满有关的命题似乎都可以用牡丹来表达。

荷花是夏季名花，又叫莲花，别名水芙蓉、芙蕖、水华等。它在夏天盛开，是我国十大名花中唯一的水生花卉，被誉为"花中仙子"和"水中芙蓉"，适应性极强，全国各地皆有栽培。荷花"出污泥而不染"，象征君子洁净廉洁、清纯高尚、刚正不阿。由于荷花不畏酷暑而开放，故象征顽强。"荷""和"谐音，因此荷花又象征和气、和睦、和平等。荷花在我国传统文化中还有吉祥如意的寓意，佛教使用荷花作为吉祥的象征，在泰国、越南等东南亚国家，普遍将荷花作为寺庙的供品。荷花全身都是宝，根、茎、叶、花、种子等均可食用、药用或作观赏，它几乎可以说是全身心奉献给人类。因此，也有用它来比喻伟大的博爱精神。2020年，由民革上海市委和上海辰山植物园联合命名的荷花新品种'博爱'，就是基于发扬孙中山先生博爱精神的喻意。

菊花在秋季开放，是花中四君子之一，也是世界四大切花（菊花、月季、康乃馨、唐菖蒲）之一，产量居首。因菊

花集中在深秋开放，具有清寒傲雪的品格，才有陶渊明的"采菊东篱下，悠然见南山"的名句。我国有重阳节赏菊和饮菊花酒的习俗。在古代神话传说中菊花还被赋予了吉祥、长寿的含义。

梅花，往往在寒冬时绽放，所以是冬季名花。花开时天寒地冻，它迎风傲雪、凌寒绽放、散发幽香的特性，被文人墨客赋予不畏风雪、坚贞高洁的品格。梅的崇高品格已成为中华民族伟大精神的象征，历来受到人民的喜爱和敬奉。梅花为我国十大香花之一、花中十八学士之一，与松、竹合称"岁寒三友"，与兰、竹、菊并称"花中四君子"，与迎春、山茶、水仙齐为"雪中四友"，是花中六友的清友。梅花的传统五瓣花型被赋予快乐、幸福、长寿、顺利、和平的"五福"象征，"梅开五福""竹梅双喜""喜上梅（眉）梢""喜报早春"等都用了梅花喜庆吉祥的寓意。梅花还有"美女"的寓意，"梅花妆"风靡一时，就是梅花落在宋武帝之女寿阳公主的额上，因好看而被效仿。

那些代表国家形象的花卉

田代科

　　国花是一个国家的重要象征之一，但并非所有的国家和地区都有自己的国花或区花。例如我国，清朝时慈禧太后曾以懿旨的形式将牡丹定为国花，民国政府将梅花定为国花，但中华人民共和国成立后国花一直没有确定下来，有关评选国花的争议还在继续。而我国的香港特别行政区和澳门特别行政区均有自己的区花，分别为紫荆花和荷花，而且香港和澳门的区旗、区徽上也分别有相应区花的图案。

　　绝大多数国家的国花只有一种，也有少数国家选择两种植物作为国花的，如墨西哥同时将仙人掌和大丽花作为国花。有的国家不是将某类花卉而是将某个植物品种作为国花，如新加坡的国花是万代兰的一个品种：'卓锦'。有的花卉同时被多个国家选作国花，其中蔷薇属植物（包括月季和玫瑰）最受欢迎，选它们作国花的国家最多，包括美国、伊朗、伊拉克、马尔代夫、保加利亚、英国、罗马里亚、卢森堡等；郁金香同时是荷兰、匈牙利、阿富汗、土耳其、吉尔吉斯坦5国的国花；睡莲同时是埃及、斯里兰卡和孟加拉国的国花，但具体种类不同。当然，世界上还有一半左右的国家没有确定国花，中国就是其中之一。

通过认识世界各国的国花不仅可以学习丰富的花卉知识，还可了解相应国家的文化，那就让我们一道认识认识各国的国花吧！

俄罗斯：其国花并不是网络上误传的向日葵（乌克兰的国花），而是菊科的另外一种开白花的植物——母菊。

美国：月季于1986年被定为美国的国花，不能说玫瑰，一定要注意哦！甚至网上还有误传山楂是美国的国花。

英国：英国由英格兰、苏格兰、北爱尔兰和威尔士组成，以前它们各自都有自己的 "国花"。现在英国的国花是玫瑰（实际为蔷薇而并非野生玫瑰后代），是英国两个古老皇室后裔——兰开斯特家族与约克家族的族花及其衍生物。红白玫瑰的图案还出现在了英国国徽上。但要注意，英国国花虽习惯上叫玫瑰，但同玫瑰原种无关，为同属杂交后代而已。

德国：蓝色矢车菊是德国国花，象征幸福。原产欧洲的蓝色矢车菊原本是一种野生花卉，经过人们多年的培育，它的"野性"少了，花变大了，色泽也变得更丰富了。

法国：香根鸢尾是法国的国花，为鸢尾科鸢尾属的一种，象征古代法国王室的权力，路易六世将它作为铸币和印章的图案，路易八世更是穿着有香根鸢尾图案的礼服加冕。法国人不仅观赏它的美丽，还提取其香精。

墨西哥：第一国花仙人掌、第二国花大丽花。墨西哥人一向奉仙人掌为民族和文化的象征，作为他们坚强不屈、为捍卫民族利益英勇斗争的标志。富含丰富维生素的食用仙人掌更是墨西哥人民餐桌上的美食。大丽花，也叫大丽菊，原产于墨西哥的高原上，在墨西哥随处可见，被视为大方、富丽的象征。

巴西：金风铃，也称黄色风铃木，一种先花后叶的紫薇科植物，因花形似风铃而得名。

日本：樱花是日本民族的骄傲和喜爱，它同雄伟的富士山一样，是勤劳、勇敢、智慧的象征。樱花常常被作为外交礼物送给其他国家，国内许多大学里都种植有日本赠予的樱花树。一方面是和平的象征；另

一方面樱花也被称作武士之花，或者死亡之花，表示为了瞬间的灿烂即使死亡也在所不惜。

泰国：与大家想象的不同，泰国国花并不是与佛教联系紧密的荷花和睡莲，而是金链花，一种开黄花的豆科植物。金链花在泰国有吉祥如意的寓意，军队

外出打仗时会将金链花插在军旗上，期待旗开得胜。泰国大部分地区都能看到金链花的身影，花开时节，满城富贵。

印度：荷花为其国花，但这里仅指亚洲莲，并不包括产于美洲的美洲莲。荷花在印度文化中象征吉祥，信众普遍用采摘的新鲜荷花供佛。

马来西亚：国花是朱槿，又名扶桑，锦葵科植物，原产自中国，因为花色大多是红色，因此在我国岭南一带也被称为大红花。火红的色彩代表着当地人的热情，也寓意革命火种。

老挝：国花是鸡蛋花，又名缅栀子、蛋黄花、印度素馨，是夹竹桃科鸡蛋花属的一种木本植物，其花瓣洁白、花心淡黄，极似鸡蛋白包裹着蛋黄而得名。

澳大利亚：国花是金合欢，一种开金黄色花的豆科小乔木。澳大利亚国徽上的花卉图案就是这种植物。

植物与佛教的关系

田代科

　　植物同宗教存在密切的关系，例如基督教的《圣经》记载植物相关的经节非常多，一些植物甚至被提到很多次。同样，很多植物与佛教寺庙关系密切，如银杏、柏树、罗汉松、橡皮树、桃树、石榴等。东南亚一些国家和我国云南西双版纳地区信奉南传佛教，教规规定寺院里必须种植五种树和六种花，即佛教"五树六花"。"五树"是指菩提树、高山榕、贝叶棕、槟榔和糖棕;"六花"分别指荷花（莲花）、文殊兰、黄姜花、鸡蛋花、缅桂花和地涌金莲。这些植物因一些独有的特征被赋予了佛教内涵，

关于它们的传说也流传了千年。

菩提树：桑科、榕属的大型常绿乔木，传说佛祖释迦牟尼就是在菩提树下修成正果的。这种树在热带及亚热带地区广泛引种栽培。"菩提"一词为梵文 Bodhi 的音译，意思是觉悟、智慧，用以指人如梦初醒、豁然开朗、顿悟真理，达到超凡脱俗的境界。传说在 2000 多年前，佛教开山祖师乔达摩·悉达多太子（释迦牟尼）在树下跏趺坐 49 天，终于顿悟，开创了佛教。佛祖既然是在此树下"成道"，此树便被称为菩提树。在印度，每个佛教寺庙都要求至少种植一棵菩提树。印度非常讲究菩提树的"血脉"，并以当年佛祖顿悟时的圣菩提树直系后代为尊。随着佛教传入中国，菩提树在中国也产生深远的影响。

高山榕：是桑科榕属的一种大型乔木，高达 30 米，可形成独木成林景观。高山榕分布于我国南部和西南部，亚洲东部、南部亦有生长。云南西双版纳当地居民，尤其是佛教信众，

将高山榕看作神树倍加崇拜，特别喜欢将它种植在村寨里或寺庙周围。

贝叶棕：棕榈科、贝叶棕属常绿高大乔木，高可达25米。傣族文字是在南宋末期随着佛教传入而产生的，傣族高僧将傣族古老的智慧、历史和佛经刻写在耐腐的贝叶棕叶片上，形成贝叶经，堪称傣族文化的鸿篇巨著。贝叶棕历来受到傣族人民的珍重和爱惜，在寨子里广泛栽植，成为傣族文化和佛教文化有机结合的象征。

槟榔：棕榈科、槟榔属常绿乔木，一般10米高，最高可达30米，果实长圆形或卵球形。槟榔的果实可食，有些人有咀嚼槟榔的习惯，愈嚼愈香，醇美醉人，再加上槟榔树叶片青翠优美，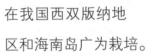在我国西双版纳地区和海南岛广为栽培。

糖棕：棕榈科、糖棕属常绿乔木植物，高可达30余米，原产亚洲热带地区和非洲，在我国云南西双版纳地区也有栽培。糖棕果实成熟时为黄色，既可观赏、又可采糖，同人们生活密切相关，因而和佛教结合起来，

演变成"五树"之一。

荷花（莲花）：莲科、莲属植物，是"五树六花"中的唯一水生植物。荷花出淤泥而不染，象征纯洁，是佛教经典和佛教艺术中最常见的象征物，也是我国文艺作品中出现概率最高的花卉。

文殊兰：又名十八学士、白花石蒜等，虽然名字里有"兰"，但它并不是兰科植物，而是石蒜科、文殊兰属的多年生草本植物。含苞待放的文殊兰如千手观音，盛开时则如同烟花绽放，并且芬芳四溢。文殊兰的花语是与君同行、夫妻之爱的意思。在佛教中是文殊菩萨人间智慧的化身。

黄姜花：姜科、姜花属多年生陆生或附生草本。花序苞片致密如莲座，花香清雅、沁人心脾。鲜切花保存时间长久，香味不散，是寺院供奉佛祖菩萨的常见供品。另外，黄姜花根部汁液还可以印染袈裟，因此受到佛教僧众推崇，成为佛教圣花。

鸡蛋花：别名缅栀子、蛋黄花、印度素馨等，是夹竹桃科、鸡蛋花属落叶灌木或小乔木。夏季开花，花数朵聚生于枝顶，五片花瓣螺旋绽开，犹如莲花绽放，花香清雅，清新圣洁，因而被奉为佛教六花之一。

缅桂花：虽然名字里带有"桂花"，但它其实是白兰花，为木兰科、含笑属常绿高大乔木。花朵白色，味极香，夏季开花。人们常常将其花串起来，佩戴于胸前，清香萦绕，素雅别致，同时也表达了一片虔诚之心。

地涌金莲：芭蕉科、地涌金莲属多年生常绿草本植物。其花苞片金黄，形似莲花，犹如朵朵金色莲花从大地涌现，故得名。地涌金莲花期从春季开始，可长达半年，具有花大、花艳、花期长等突出特点，因而受到大家的喜爱，成为佛教六花之一，是傣族文学作品中善良的化身和惩恶的象征。地涌金莲并非仅有黄色苞片，最近，我国科学家在四川发现了苞片为橘红色至红色的变种，培育出了'佛喜金莲''佛乐金莲''佛悦金莲'系列红色苞片的新品种。

中国传统节日离不开的植物

田代科

我国的植物种类繁多，除了粮食、蔬菜和水果等"天天见"的植物品种外，还有一类植物总是同传统节日相依为伴，被赋予丰富的文化内涵。我国的传统节日较多，如最著名的四大传统节日：春节、清明节、端午节和中秋节，此外，还有元宵节、七夕节、重阳节、除夕、腊八节等。除了这些全国性的节日，还有很多重要的民族节日，如三月三是壮族等少数民族的节日，泼水节为傣族等多个民族的节日，等等。

端午节的植物文化：端午节是农历五月五，也叫端阳节、午日节、五月节等，这个节日同植物的关系最密切。可以说，这一天从早到晚都离不开植物，人们不仅在家门插上或在门楣悬挂艾草和菖蒲以辟邪，还用箬竹（左图）、芦苇叶等包粽子，

用芳香植物叶泡水沐浴。相比今人，古人对自然万物中的草木有着深深的敬畏与崇拜，相信草木具有悦神、驱邪祛毒、治病健身的神奇力量。

中秋节里赏桂花：中秋节是中国民间的传统节日。这一天自古便有祭月、赏月、吃月饼、玩花灯、赏桂花、饮桂花酒、桂花茶等民俗，流传至今、经久不息。习俗虽多，但同该节日关系最密切的植物只有桂花一种。中秋前后正是桂花盛开的时候，同时，中秋又是花好月圆之际，在欣赏当空皓月的同时品味桂花的芳香，憧憬良辰美景，别有一番情趣。

重阳节中的植物：重阳节又称老人节、敬老节，这一天，有爬山登高的习俗，同时有赏菊赋诗、插茱萸、吃重阳糕的习惯。茱萸，又名"越椒""艾子"，是山茱萸科、山茱萸属木本植物，有杀虫消毒、逐寒祛风的功能。在九月九日重阳节时爬山登高，臂上佩戴插着茱萸的布袋（古时称"茱萸囊"），用来辟除邪恶之气。王维诗句中就有："遥知兄弟登高处，遍插茱萸少一人。"

腊八节里粮食多：腊月初八这一天，我国很多地方有喝腊八粥的习俗，各个地区腊八粥的用料虽不同，但基本上都包括谷类、豆类、干果等。腊八粥不仅是时令美食，更是养生佳品，尤其适合在寒冷的天气里保养脾胃。也有一些地方不吃腊八粥，而吃腊八面、腊八蒜、麦仁饭。

春节与年宵花：春节是我国最隆重的传统节日，很多人家会用花卉装饰厅堂来增添节日的喜庆气氛。以往由于这一季节开放的花卉种类并不很多，主要用梅花、蜡梅、水仙等来点缀。水仙曾经是我国最为流行的年宵花，象征万事如意、吉祥、美好和纯洁。随着我国园艺和物流产业的快速发展，现在花卉品种的选择越来越多，广东、海南等南方地区民众喜在门前、庭院或大厅内摆放盆栽金桔。金桔也称"富贵桔"，金灿灿的橘子缀满枝头，硕果累累，象征吉祥富贵；桔为吉，金为财，金桔也有吉祥招财的含义。其他流行的年宵花品种还有蝴蝶兰、君子兰、大花蕙兰、仙客来和红掌等。它们因其婀娜的身形和美好的寓意，受到大家广泛喜爱。

三月三，荠菜煮鸡蛋：农历三月三是多个民族的传统节日，其中以壮族为典型。这一天相传是壮族始祖布洛陀的生日，壮族人喜欢在这天举办歌会，常在这一天蒸吃五色糯米饭。汉族为上巳节，有三月三拜祖先、三月三拜轩辕的说法。而在湖南长沙及周边地区，每到三月三这天，妇女们采摘长茎开花的荠菜插在发际。因荠菜的谐音是"聚财"，故此，老百姓又根据民间传说，于三月初三这一天，在祭祖的时候，借助祖先的神灵和财气，将新鲜荠菜洗净后捆扎成小束，放入鸡蛋、红枣、风球（油炸的球形豆制品），再配几片生姜，煮上一大锅，食之既可交发财运，又可防治头痛头昏病，久而久之便形成一种民间特有的食疗习俗。

三个原生于中国的国际和平使者：银杏、水杉、珙桐

田代科

　　植物不仅为人类的物质生活提供保障，还具有表达文化、传递友谊、深化感情等精神层面的价值，中国就有三种著名的原生植物，一直在国外默默地传播中国的文化和友谊，可以说是名副其实的国际和平使者、中国的形象代言人，它们就是银杏、水杉和珙桐。这三种植物拥有几个共同的特征：中国特有、国家一级保护植物、落叶高大乔木、有植物活化石之称等。这三种植物的名称有何来历？有什么重要特征？何时被发现？分布在我国哪些地方？用途有哪些？我们将逐一介绍。

　　银杏：又名白果树、公孙树，这些名字是如何来的呢？银杏为裸子植物，所谓的"果实"其实不是果实，而是种子，但一般人弄不清果实和种子的区别，依

然叫其果实。因"果实"外观很像杏，表面有一层银白色粉末，故称为银杏。"白果"的名称来历则有两种说法：一是因为种子的核为白色，故此得名；还有一种传说，从前有一位穷人家的姑娘名叫白果，经常咳嗽，后来她吃了仙女送的银杏果实，不仅治好了咳嗽，还从树上摘下许多果子，治好了许许多多的咳喘病人，人们干脆把"白果姑娘送的果子"叫白果，那结满白果的大树自然就叫"白果树"了。

银杏树生长速度较慢，但寿命极长，自然条件下从栽种到结银杏果要二十多年，四十年后才能大量结果。因此又有人把它称作"公孙树"，有"公种而孙得食"的含义，是树中的老寿星。

银杏为高大乔木，高可超过40米，叶片呈扇形，秋季落叶前变为黄色，十分美丽，观赏价值很高，是秋天的主要彩叶树种之一。银杏有雌雄株之分，4月开花，只有雌株才结种子，10月成熟，外种皮表面有一层白粉，成熟时为黄色或橙黄色。种子和叶子均有很高的药用和食用价值，但有小毒，不宜食用过多。

银杏特产于我国，仅浙江天目山有野生植株存在，但栽培区甚广，很多已是百年或千年以上的老树。在中国和日本，几乎所有的寺庙旁都种植银杏。银杏树还是很好的木材，可作为高档家具原材料。

水杉：同银杏一样，也是裸子植物，树形同落羽杉、池杉、杉木等相似，同属于杉科。水杉又被称为梳子杉，因其羽状复叶排列像梳子而得名。水杉并非生长在水里，但为何其中文名称中带有水字？可能同该树种多生长在溪边、沟谷、农田旁等湿润或积水的土壤环境相关。在园林应用中，种植在平地或洼地的往往生长更好，常用于堤岸、湖滨、池畔和庭院绿化。

水杉是一种非常古老的生物，在发现活的水杉植株之前，

科学家们先是从化石中认识这一物种。它曾一度被认为已经灭绝。1941年，中国植物学者在湖北利川谋道镇首次发现这一闻名中外的古老珍稀孑遗树种，看到"活着的水杉化石"，一时震惊世界。因其非常稀有，故有"植物

界的大熊猫"之称，并被列为国家一级保护植物。后来调查发现，重庆万州和石柱、湖北利川和湖南龙山、桑植等地均生长着有300余年树龄的水杉巨树。经过50多个国家广泛引种栽培，水杉现在几乎分布世界各地，在欧美一些发达国家的植物园和主要公园大都能见到它的挺拔身影。

水杉是高大落叶乔木，高可达35米，胸径达2.5米，树干基部常膨大。花期在2月下旬，球果下垂，11月成熟。我国北京以南各地均有栽培。水杉材质轻软，可供建筑、造纸等用；树姿优美，为庭园观赏树。它可栽于建筑物前或用作行道树。水杉对二氧化硫有一定的抵抗能力，是工矿区绿化的优良树种。

珙桐：又叫水梨子、鸽子树、鸽子花树。其果实为球形或椭圆形，形似梨子。珙桐的花很特别，开花时花序外面的硕大苞片由淡绿转变成白色，像一群白色的鸽子聚在树上，甚为壮观，因而得名鸽子树、鸽子花树。由于仅产于中国，也被誉为"中国鸽子树"。

珙桐分布于湖南、湖北、广东、四川、重庆、云南和贵州等地的局部地区。该树种为落叶乔木，高可达25米，胸径

约 1 米，生长速度慢，其材质比较沉重，是一种非常优良的木材，可以制作上等家具，包括一些精品雕饰，市场价值非常高。珙桐于 1869 年在四川穆坪被发现后为各国所引种，成为世界人民喜爱的观赏树种，象征着和平。鉴于我国珙桐野生居群还比较多，个体数量不少，加之各地开展了卓有成效的人工繁殖和野外放归工作，2021 年，它由国家一级保护植物降为二级，充分说明了我国对该物种的保护取得显著成效。

四叶草真的能带来好运吗？

田代科

2018 年，一种不起眼小草走红了。它的走红不仅限于中国，更是传遍世界，它就是中国国际进口博览会主体展馆的造型图案——四叶草。

四叶草并非某个具体物种的名称，而是来源于三叶草中极为罕见的变异个体，由于它十分稀有，寓意绝佳的运气，所以又被称为幸运草。

要了解四叶草，还得从三叶草开始介绍。三叶草是多种拥有 3 片指状小复叶的草本植物的通称，主要包括三类：豆科车轴草属（被认为是最正宗的三叶草）和苜蓿属（如上海及江浙一带俗称的草头）、酢浆草科酢浆草属的某些种

类。然而，对于"真正"的三叶草究竟是哪一种植物，至今尚未达成共识。有些科学家将三叶草定义为红车轴草（左图）或白花红车轴草，如植物学家林奈在他1737年的作品《植物属志》中，将红车轴草标识为三叶草，并以拉丁文字的形式提到它，还写下一段颇为有趣的话："这些开紫红花的小草，爱尔兰人称之为三叶草，他们认为吃了它的叶子可以获得敏捷、灵活的力量"。基于林奈描述的信息，英国作家斯宾塞在他的著作《爱尔兰现状观》中描述了他的观察：三叶草是爱尔兰人的食物，特别是在困苦和饥饿的时候，穷人靠食用这种植物来摄取营养，作为生存的最后手段。

关于三叶草的确切身份，由于英国植物学家比切诺的研究探讨而陷入更大的不确定。他在1830年发表的论文中称：真正的三叶草是白花酢浆草或酢浆草（右图），不是爱尔兰的本土植物，是在十七世纪中叶才传入的，他认同爱尔兰人食用三叶草的传统，认为这符合酢浆草经常被作为风味食品的植物性质。比切诺的论点未被普遍接受，但被用作证据支持酢浆

草是三叶草的一种。更科学的方法是由英国植物学家布里顿和荷兰德提出的，他们在 1878 出版的《英文植物名称词典》中阐明：通过调查发现，三叶草就是在科文特花园（伦敦中部一个蔬菜花卉市场）最常见的钝叶车轴草，在爱尔兰至少有 13 个城市认同该种植物为三叶草。

三叶草原产欧亚大陆的温带地区，中国四川、贵州、广西、广东、湖北、江苏、福建、河南、河北、新疆、甘肃（主要是陇南山区）均有野生分布。三叶草在很多西方国家代表着幸运，被认为是只有在伊甸园中才有的植物，扑克牌的梅花图案就是代表幸运的三叶草。

在欧洲，寻找四叶草是热门的儿童游戏，认为找到四叶车轴草就能得到幸福。在爱尔兰民间，人们认为四叶的车轴草能带来好运。在德国，幸运草被认为是自由、统一、团结、和平的象征。

中国国际进口博览会的举办场馆位于国家会展中心（上海），是全球最大的单体会展建筑，三叶草很常见，而四叶草却是上万甚至十万株三叶草中的一株变异，展馆造型以"四叶草"的叶片形态，向世界展示中国和平崛起、世界范围的友好、对环境的友好的理念，强调人与自然的协调关系。

早在 2015 年，即"四叶草"竣工后的第一年，国家会展中心（上海）就曾承接各类展会及活动，而真正让世人目光聚焦这里的，还是 2018 年首届中国国际进口博览会。展览面积达 30 万平方米，6 天的展会共吸引了 172 个国家、地区和国际组织参会，3600多家企业参展，超过40万名境内外采购商到会洽谈采购。无论从规模还是水平看，都是史无前例的。2019年11月第二届中国国际进口博览会参展企业平均展览面积达到93平方米，比首届增加20%以上，累计意向成交711.3亿美元，比第一届增长23%；六天累计进场超过91万人次，远超首届。2020年11月，尽管全球受到新冠肺炎疫情影响，第三届国际进博会依然如期举行，经贸合作取得了硕硕成果，累计意向成交达726.2亿美元，比上届增长了2.1%。2021年11月5—10日，第四届国际进博会上，共有来自127个国家和地区的2900家企业参展，展览面积达到36.6万平方米，再创历史新高。

看来，四叶草真的能带来幸运，希望未来每一届的中国国际进口博览会越办越好，为推动全球经济发展和友谊合作作出更大贡献!

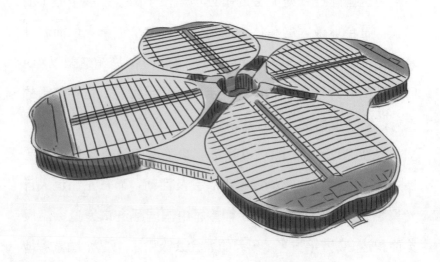

植物名字从哪儿来？

田代科

一种植物通常有至少两个名称，一个是学名，即描述发表该物种时给的拉丁语名称，便于全球交流；另一个是该植物所在国取的本国语称呼，这样更利于在本国内部交流。当然，一种植物在同一个国家不同地方因为叫法不同，会产生一大堆俗名或异名。植物名称的来源可能五花八门，很大一部分是根据其主要形态特征命名的，也有很多根据产地、人名、用途，甚至源自一个故事传说。有的植物名称好听易懂，有的却很奇怪，光从名称看真不知道同植物有何关系。不管你是否喜欢，每一个植物名称都有自己的含义，甚至暗藏一个有趣的故事，这就是植物名称里的文化内涵。

根据形态特征命名的植物

光棍树：名字听起来很有意思，从字面上看难道这植物是一根棍子不成？其实它是一种小乔木，原产非洲安哥拉，因为那里气候炎热、干旱缺雨，蒸发量巨大，在这样严酷的条件下，为适应环境，原本有叶子的光棍树，经过长期进化，叶子越来越小，逐渐消失，全树只有很多绿色圆形的小枝条。

还魂草：又名卷柏，是一种蕨类植物。它耐干旱能力极强，即使是炎热夏季，在其他植物全都旱死的滚烫裸露岩壁上，卷柏仍然能够顽强地生存着。天气干旱时，小枝卷起来缩成一团，以保住体内的水分。一旦得到雨水，蜷缩的小枝会平展开来，所以叫"还魂草"。有人曾做过这样一个实验：把卷柏压制成标本，保存了几年，拿出来浸在水中，当温度适宜时，它竟然又开始生长！

火龙果：又叫"吉祥果"，是一种大家很爱吃的水果。火龙果原产中美洲热带地区，属于仙人掌科，传到中国后，国人觉得它果实表面的鳞片像是龙的鳞片，果皮又颜色火红，果实位于很长的茎顶端，茎好似龙的身子，所以就形象地叫它为火龙果。

王莲：睡莲科的一种，叶片巨大，直径可达 3 米以上，为水生植物之最，其学名以英
国女王维多利亚的名字命
名，天生有一种王者风范，
号称水生植物中的女王。全球只有亚马逊王莲和克鲁兹王莲
两种及'长木'王莲等少数几个品种。

鸟不宿：为多种植物俗名，其中一
种是楤木，为五加科植物，俗名又叫
千枚针、刺枪，因为全身带刺
鸟不敢在上面停留休息而得
名。它的根及树皮具有一
定的药用价值，而幼嫩的芽叶
为美味的野生蔬菜，虽然是"鸟不宿"，但却是人类的好朋友。

睡莲：睡莲科睡莲属植物，叶
片和花常浮在水面上似躺着睡觉而
得名。睡莲因其典雅的外形和多姿
多彩的花，受到人类的喜爱。睡莲
属约有50种，此外园艺家们培育出了上千个睡莲品种，很多
品种被广泛种植，美化水生景观。

猴面兰：一类花朵特别像猴子脸的兰花统
称。这种兰花主要生长在南美洲热带地区。
花朵最外面的三枚萼片组成了"猴脸"
的轮廓，两枚侧生花瓣是"点睛之笔"，
"猴鼻子"由兰花特有的蕊柱组成，"猴

嘴"则由花的唇瓣构成。猴面兰一年四季均可开花，并且还会释放出清甜的橘子香味，是一种非常受欢迎的装饰花。

根据传说故事命名的植物

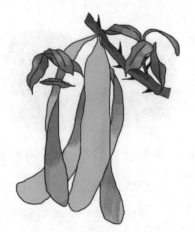

救军粮：我国西部又叫救兵粮，其正式的名称叫火棘。为何又叫"救军粮"呢？这要从三国故事说起：曹操大军讨伐张角，途中将士们饥渴难耐，但粮草跟不上，正好遇一片火棘林带，饥饿士兵摘其果充腹，救了整支军队，所以称其为"救军粮"流传至今。红军长征途中也曾用火棘果实充饥，渡过难关。

根据用途命名的植物

皂荚：又名皂荚树、皂角树，一种属于豆科的高大乔木，其果荚皂含有皂甙成分，因此有类似肥皂的去污作用。皂荚可用来洗衣服，洗出的衣服干净又带有清香。皂荚树的茎叶还可以入药，树干木质坚实，制成家具美观耐用。

支撑着北京故宫的千根楠木

田代科

故宫，又名紫禁城，是我国明清两代的皇家宫殿，住过24位皇帝。故宫是中国古代宫廷建筑的精华，以三大殿为中心，占地面积72万平方米，建筑面积约15万平方米，有大小宫殿七十多座，房屋九千余间，是世界上现存规模最大、保存最为完整的木质结构古建筑之一。如此恢宏的建筑群不论在搭建还是镶嵌装饰的过程中，没用到一根铁钉，每一根木头都受力均匀，不仅结构相当牢固，而且造型十分美观，是古代建造水平的巅峰之作。最新高科技激光扫描的结果显示，

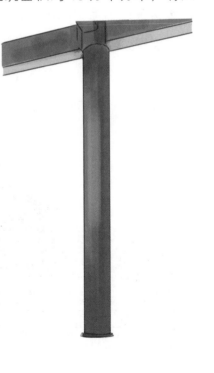

仅太和殿（故宫最大的殿宇）就使用了数千根木料，屋顶的梁木与桁架如同一片森林，支撑着上方巨大的屋顶。宫殿覆盖着数以千计沉重的琉璃瓦与小塑像，更衬托出故宫的典雅华贵。

中国的古代宫殿建筑不同于西方，西方宫殿大多是石质的，而中国大多是木质的，二者各有优劣。木质结构建筑防震功能好，但使用寿命短，且易发生火灾；石质建筑能存留上千年但抗震性能稍差。那么为什么故宫的木质结构建筑能屹立 600 年而不倒呢？这得从它使用的最主要木材——金丝楠木说起。

什么是金丝楠木呢？楠、樟、梓、椆并称为我国四大名木，楠木排在首位，足见人们对它的喜爱程度有多深。根据《博物要览》记载，楠木有三种：一是香楠，木微紫而带清香，纹理美观；二是金丝楠（桢楠和紫楠的别名），木纹里仿佛有金丝，是楠木中最好的一种，更为难得的是，有的楠木材料会结成天然山水人物花纹，因此价值甚高；三是水楠，

木质较软，多用其制作家具。古代封建帝王龙椅宝座都要选用优质楠木制作。楠木还是古代修建皇家宫殿、陵寝、园林等建筑的特种材料，该树种自清代起就变得稀有了。在中国古典建筑中，金丝楠木一直被视为最理想、最珍贵、最高级的建筑用材，在宫殿苑囿、坛庙陵墓中广泛应用。

金丝楠具有金丝和类似绸缎光泽现象，为楠木中品质最好的木材，中国特有。《博物要览》中记载："金丝者出川涧中，木纹有金丝，楠木至美者。"实际上金丝楠木并不是指单一树种，广义上楠属植物的木材中显现金丝的都叫金丝楠。按业界传统说法，古代金丝楠木是指紫楠、桢楠、闽楠。金丝楠木中的结晶体明显多于普通楠木，木材表面在阳光下金光闪闪，金丝浮现，有的显现山水或虎斑纹，且有淡雅幽香，具有驱虫的效果。木材纹理直而结构细密，不易变形和开裂，经久耐用，为建筑、高级家具等优良木材。

我国北方并不产楠木，那么金丝楠木是如何运到北京的？

古时的交通很不发达，而修建故宫所需的楠木来自距北京千里之外的南方，可以想象当时获取这些木材是多么的艰难！明朝书中关于故宫的营建提到过："千人入山采木，百人安然归来。"楠木生长在我国南方及西南的一些深山老林里，在修建故宫时，明朝让地方官员发动大批的民夫去深山老林里伐木。由于自然条件十分恶劣，在寻找、采伐和运输金丝楠木的过程中，人员伤亡很大。有野史记载：民夫在深山老林里或许可以轻易地找到适合的楠木，但是运出来却异常困难。在四川境内寻找楠木时，十根楠木就得耗费 200 人的规模去运输，并且每一根楠木运输到京城，得有数十民夫暴毙。据不完全统计，修建故宫的十几年时间里，因为采伐运输木材造成的民夫伤亡达到了四位数！尽管如此，由于采伐楠木能获得的利润非常大，民夫跟随官府进山采木的薪酬又非常高，因此很多民夫还是愿意跟随官府人员入山冒险。

楠木并非直接运送到京城使用。永乐皇帝在苏州修建了一个专门的机构，所有的楠木先运到这里，经过挑选、检查和加工，最后到成品，才运送到北京。由此可知，从深山采伐运出，再到严格筛选，一根根来之不易的楠木，每十根或许只有两根能达标，其他的都被拉到工部当库存。永乐年间的故宫修建计划，使得朱元璋在洪武年间积累下的国库库存用去了一大半。

虽然故宫修建得艰辛，却给中国文化留下了一份珍贵遗产，也留下了明清两代的宏伟证明。金丝楠木的选材和加工技术，也成为了我国的一项非物质文化遗产项目。故宫上千年屹立不倒，背后原来有着金丝楠木的默默支撑。

那些与花儿同名的歌

田代科

　　我国植物众多，其中一些早已深深地扎根于文化艺术中，丰富了人们的精神生活。当你走进一个博物馆，经常会见到荷花、牡丹、菊花、桃花、山茶、梅花、兰花等中国传统名花出现在不同年代的各种瓷器上，这些花卉为工艺品增添了色彩和文化内涵，也提升了其价值；当你参观一个画展，会见到很多以植物为题材的优秀作品，如齐白石、张大千、刘海粟等大师都是画荷高手。尽管像朱自清的《荷塘月色》、陶铸的《松树的风格》、茅盾的《白杨礼赞》、杨朔的《茶花赋》等与植物相关的优秀散文不算太多，但书写和赞美花卉的诗词举不胜举，仅荷花相关的诗词就达数千首。更有一些歌曲以植物名称作为歌名，脍炙人口，经典不衰，像20世纪50年代唱遍全球的《茉莉花》《牡丹之歌》和儿童歌曲《鲁冰花》等。下面介绍的这些歌曲中都含有一种花卉植物的名称，哪一首最打动你的心，成为你的最爱呢？你又认识这些植物中的哪些?

《茉莉花》: 扬州民歌, 也是世界经典民歌之一, 它的前身是"鲜花调", 几百年来传唱在苏北里下河地区。早在 20 世纪 50 年代就传唱全世界, 一直流行至今, 其唱法仅中国就有几十种。细心的你也许发现了, 这首脍炙人口的江苏民歌, 几乎是我们国家在重要事件和重要国际场合下的必奏之歌。《茉莉花》在国外也有多种版本传唱, 美国著名的萨克斯演奏家凯利金改编演奏的《茉莉花》长达 8 分钟, 清香四溢。2001 年, 美国发射了一颗寻找外太空生命的宇宙飞船, 搭载了各国优美乐曲作为地球礼物送给外星生命, 中国入选的乐曲就是这首《茉莉花》。

《兰花草》: 原是胡适先生早年写的一首诗《希望》, 后被陈贤德和张弼二人修改并配上曲子, 改名为《兰花草》, 由银霞(章家兴)1978 年首唱, 而后广为传唱。1921 年夏天胡适到北京西山去, 友人熊秉三夫妇送给他一盆兰花草, 他欢欢喜喜地带回家, 读书写作之余精心照看, 但直到秋天, 也没有开出花来, 于是有感而发写了这首小诗。但你可知道, 兰花草只是一个俗名, 胡适先生种植的很可能就是国兰中的春兰。

《鲁冰花》：电影《鲁冰花》的主
题曲。电影《鲁冰花》是一篇哀伤的叙
事诗，讲述了一个凄美的乡村故事。影
片中，鲁冰花象征母爱，开满乡间田野，
点染农村景致，在花叶凋零后化作春泥
更护花，如同世间最真挚的爱——母爱
一样无私和伟大，由于鲁冰花总是在 5
月份的母亲节前后开花，因此在台湾被
形象地称为"母亲花"。主题曲《鲁冰花》正是在这样的背
景下创作的，表达了对母亲的深切思念。

《牡丹之歌》：这首由乔羽作词，吕远、唐诃作曲，蒋
大为演唱的歌曲，是电影《红牡丹》的主题插曲。1989 年，《牡
丹之歌》获得第一届中国金唱片奖。《牡丹之歌》的词独辟蹊径，
从牡丹历尽贫寒，把美丽带给人间着笔，为"国花"写出了
不同凡响的赞誉之词。唐诃和吕远的谱曲新颖别致、雅俗共
赏，其旋律既有浓郁的民族风格，又充满新鲜的时代气息。《牡

丹之歌》成为各地牡丹
节中的主旋律，延伸了
牡丹花的文化内涵。

**《在那桃花盛开的
地方》**：邬大为、魏宝
贵作词、铁源作曲，董
振厚演唱的歌曲，收

录在 1980 年发行的同名专辑《在那桃花盛开的地方》中。1980 年，铁源和邬大为等人到辽宁丹东的一支边防部队采风，正赶上河口地区桃花盛开，他们与边防战士一起巡逻在桃林旁，不禁被满树桃花所陶醉，很快写出了歌词。1984 年，蒋大为带着《在那桃花盛开的地方》首次登上春节联欢晚会。1987 年该歌曲获得全国"青年最喜爱的歌"评选一等奖，并多次登上央视春节联欢晚会的舞台。

《映山红》：电影《闪闪的红星》的插曲，由陆柱国作词，傅庚辰谱曲，邓玉华演唱，发行于 1974 年 10 月 1 日。这首歌用深入浅出，通俗易懂的语言和柔美细腻、悦耳动听的旋律诠释了对红军英雄的无限热爱与不舍之情，以及对美好未来的憧憬和向往。

除了上述这些十分熟悉的歌曲外，含有植物名的歌曲还有很多，如《夜来香》（右图）《梅花三弄》《栀子花开》《菊花台》《野菊花》《樱花舞》《木槿花》等等不胜枚举。而歌名中出现最多的就是玫瑰：《野玫瑰》《铿锵玫瑰》《玫瑰的葬礼》《你是我的玫瑰花》《送我一支玫瑰花》等，一双手都数不过来了。

植物之最

人是世界上最高级、最奇妙的动物。奇妙之一在于：人类总想知道自己周围或团队中哪位是"之最"，如同班同学都想知道本班上哪位个子最高，哪位成绩最好，哪位动手能力最强，哪位口才最好；再如在体育方面，人们总想知道哪个国家篮球最牛，哪个国家在奥运会上夺的金牌最多，等等。

正是出于这种好奇，各种或严肃、或搞怪的吉尼斯世界纪录总能吸引大家的关注。

在人类社会之外，自然界中的植物们为了争取生存资源，在悠长的历史洪流中，演化出了各种神奇的身体构造和生活方式，其中最为引人入胜的，正是堪称"植物世界吉尼斯"的植物世界之最。最高、最大、最小、最辣、最臭、最长寿……凡此种种，或傲立、或苟活在地球上。植物在空间和时间维度上远超人类。世界之大，生命多样，人类渺小，自然可敬。请跟随我们的脚步，开启一场全球之旅，从北美西部的温带雨林到中美洲的湿地沼泽；从塔斯马尼亚的桉树林到东南亚闷热幽暗的雨林；从冷峻肃杀的北欧到雨热相错的地中海，再到东非的稀树草原……一起探寻奇妙的植物世界之最，追索生命的顽强和演化的奥义。

本章中，你将会了解到，谁是世界上最高和最粗的植物？哪种植物最长寿？最大和最小的花是什么？世界上寿命最长和最短的种子是谁？谁是世上最臭的花？当然，还要关心虽未提及但默默为人类做贡献的植物……（李晓晨、田代科）

世界上最高的植物

李晓晨

　　1853 年，植物学家林德利在英国知名园艺杂志《园艺编年史》上发表了一种叶子像柏树、果实像金松的新奇植物，这种植物的个头是如此之大，英国的泰晤士报曾毫不吝啬地写道，"（这些树）是加利福尼亚的巨头，是森林之父"。

　　从美国的中央平原往西，越过内华达山脉，便是一块金色的土地。北太平洋的湿润气流氤氲着这里广袤的云雾森林，这种令欧洲人惊奇不已的大树——巨杉，就生活在这里。

　　如果要形容一棵树的高大，你能有多少种表达方法？美国巨杉国家公园里的佼佼者，坐拥世界上树干体积最大和重量最重两项纪录的"谢尔曼将军"，也许能激发你丰富的想象力：树高 95.7 米，树干周长约 30 米，基部最宽处近 9 米，最粗的枝条直径能达 2 米，人类在它脚下如同置身于《格列佛游记》中的大人国一般。这样说是不是还不够直观？打个比方，如果把巨杉的树干里面装满水的话，可以供一个人洗澡 9844 次，如果一天洗澡一次的话，可以连续洗 27 年。

至于"世界最高"树的桂冠则由巨杉的亲戚和邻居摘得。从巨杉生活的山地区域，往西来到海岸附近，就能找到这种世界上最高的植物——同属于红杉亚科的北美红杉。其中一棵名为"亥伯龙"的个体以 115 米的高度雄踞世界高树排行榜榜首。

美国国家地理杂志曾在 2013年拍摄了巨杉和北美红杉的全身照。尽管由于种种限制，项目的拍摄对象并不是"谢尔曼将军"和"亥伯龙"，但最终选择拍摄的个体高度和体量同样让拍摄工作异常艰难，必须采用多次拍摄、多张拼接的方式进行合成。从最终成像上看，工作人员站在这些巨人的肩膀上是多么渺小。

中国有个成语"根深叶茂"，说的是树根扎得深，枝叶才能繁盛，用来比喻事物只有根基厚实，才有广阔的发展前景。然而巨杉却反其道而行，其根系最深也没有超过 5 米，却能向四周发展，覆盖超过方圆 4000 平方米的地面。为了支持巨大的树体，巨杉与巨杉之间盘根错节，相互扶持，共同对抗狂风暴雨。

裸子植物在高树竞争中有着天然的优势，其树形和被子植物阔叶树相比，更加尖削，树干更直，有利于全力向上生长。一般而言较长的寿命也有利于身高的积累。除了巨杉和北美红杉，世界上最高最大的几种树还有花旗松、王桉（杏仁桉）、西加云杉、黄娑罗双、多枝桉、蓝桉、大桉、斜叶桉、糖松、异叶铁杉、美西黄松、高大非洲楝、大冷杉、美国扁柏等等，其中有多种都是裸子植物，并且它们都原生于北美洲西部。

天时和地利造就了这个巨树王国。美国内华达山脉西坡直面太平洋，山地抬升了来自海洋的水汽，给这里的森林输送了充沛的降水；而北太平洋暖流被美洲大陆阻挡，其中的一支向南，给北纬 40 度以南的海岸地区带来了湿润气流，使得这里凉爽并且多雾，适宜大树的发育成长。波澜壮阔的板块运动创造了巨杉和北美红杉的冰期避难所，却间接成了另一场灾难的始作俑者。19 世纪中叶，几乎与巨杉和北美红杉被正式命名同一时期，由于人们在内华达以西地区发现了黄金，大量的北美红杉在淘金狂潮中被伐倒。

好在保护运动的兴起，使北美红杉得以避免灭绝的悲剧结局。以北美红杉和巨杉为主题的美国国家公园相继建立，旅游观光与科普教育相结合的形式带来的好处远大于滥采滥伐。正是得益于有识之士的努力，以及行之有效的国家公园制度，我们今天才有机会感受到这片巨树王国的震撼。

　　当你了解到这些巨树后，是否心潮澎湃，想马上去北美一窥真颜呢？

宰相肚里能撑船：
世界上最粗的树

李晓晨

　　我们在美洲的旅行还没有结束，将要去拜访的是一处联合国教科文组织世界遗产。沿着落基山脉一路向南，穿过亚利桑那，进入墨西哥的瓦哈卡，这里的一棵叫作 Arbol del Tule 的墨西哥落羽杉是世界上最粗的树，其直径达到了 11 米，连非洲的猴面包树也只能屈居第二。

　　就如它的名字所示，墨西哥落羽杉主要分布在墨西哥。历史上，从北部迁徙到这里的阿兹特克人定居在特斯科科湖上的小岛，为解决土地和粮食短缺的问题，他们在浅水中填土，用当地的墨西哥落羽杉将其围合成田地，之后逐步发展壮大，最终成为中美洲最强大

的帝国。作为权威的象征，墨西哥落羽杉还被种植在阿兹特克人聚居地查普特佩克的道路两旁。王朝已成过眼云烟，如今这块由水系和大树滋养的绿洲成为当地不可或缺的城市公园，被称为"墨西哥之肺"。

墨西哥落羽杉为什么不怕水淹呢？秘密就藏在那些冒出水面的"木头疙瘩"里。落羽杉的主根周围生长着许多伸出水面的"膝根"（粗大根的顶部很像人的膝盖），内部有发达的气道，能协助植物进行呼吸，故也称为"呼吸根"。

我国东南沿海地区也有落羽杉的"亲戚"，它们是与落羽杉近缘的水松和日本柳杉。前者已经被世界自然保护联盟列为极危物种，自然分布极少见；后者因为出色的木材性能而被大范围栽培，在江南山区的古道两旁，和日本东北地区的一些神社附近，还能看到大量参天的日本柳杉。

胸径能与墨西哥落羽杉平起平坐的只有生长在非洲的猴面包树了。

世界上约有9种猴面包树，1种在澳大利亚，6种在马达加斯加，剩下的2种在非洲大陆。保持世界最粗树干称号的猴面包树位于非洲大陆南端的南非，据测量，最粗的树干超过了10米。它们有一个共同的特点：有着像根系一样伸展的枝丫，却挺着与树枝格格不入、又圆又粗的大肚子，仿佛是一棵倒栽的树，故得别名"倒立树"。

　　长期以来，围绕着猴面包树有两大误解。误解之一是跟它的名字有关，人们以为它的果实甜美多汁，是猴子喜爱的食物。这可能是因为和东南亚一种叫面包树的植物弄混了。在亚洲面包树的原产地，人们将其果实切片油炸食用，口感类似炸面包片，故而得名。而成熟的非洲猴面包树的果实打开后是干燥淀粉状的，味道发酸，绝对不是什么美味。

　　对猴面包树的误解之二来自它们的大肚子，传言割开猴面包树的树干就能畅饮泉水。事实上，尽管这些粗大的树干的确储存着水分，以备度过干旱的季节，但其树干内部是实心的，切开的口子并不会有泉水"涌出"。某些地区的人们会在雨季将猴面包树的树干掏空，用以储水或作其他存储用途，甚至作为监狱……这也许是"切树干取水喝"这一误传的来源吧！

　　加州的北美红杉历史上曾遭到淘金热潮的重创，近年来的酸雨也影响了它们的生长；在中国几乎随处可见的水杉，也面临灭绝的危险，因为这些树都是来自避难所的几棵母树，遗传多样性并不高；塔斯马尼亚的王桉依然受到大规模伐木和其间接导致的山火威胁；云南南部的望天树在橡胶树林的包围下，面临非法砍伐的威胁；墨西哥落羽杉赖以生存的湿地正在轰轰烈烈的城市化进程中逐渐干涸；非洲大陆的猴面包树因为气候变干变暖，种群数量不断减少……这些见证和记录着地球历史变迁、人类文明演进的大树，需要得到更多的关爱和保护。

地球上最长寿的植物

田代科

众所周知，相对植物而言，动物的寿命往往较短，其中寿命最短的是蜉蝣成虫，只有一天。有一种特殊的动物叫灯塔水母，它们性成熟后重新回到水螅型幼态，并且可无限重复这一过程，从而拥有了返老还童的能力，因此理论上来说这种动物可以永生，成为世界上寿命最长的动物，被载入吉尼斯世界纪录中。然而，科学家们对此也有异议，因为实验室观察灯塔水母"返老还童"的轮回并不代表在自然界中能永生。这种水母单个个体到底能存活多少年

173

依然还是个谜。

在植物界中，单一个体能存活千年以上的种类可就太多了，在中国有银杏、香樟、柏树、松树、梅、榕树等。在国外，产于瑞典的一株欧洲云杉的寿命超过 9000 年；更有一类奇特植物，它们不能结实，只能靠营养繁殖扩展，群体寿命更是长达万年以上，有的甚至已存活了 10 万年，如地中海的波西多尼亚海草、美国的潘多树和朱鲁帕橡树、澳大利亚塔斯马尼亚岛的山龙眼等。那么，到底谁是世界上寿命最长的植物呢？下面不妨给大家详细地介绍一下这些种类。

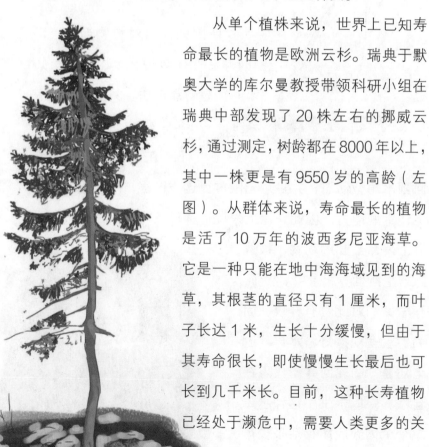

从单个植株来说，世界上已知寿命最长的植物是欧洲云杉。瑞典于默奥大学的库尔曼教授带领科研小组在瑞典中部发现了 20 株左右的挪威云杉，通过测定，树龄都在 8000 年以上，其中一株更是有 9550 岁的高龄（左图）。从群体来说，寿命最长的植物是活了 10 万年的波西多尼亚海草。它是一种只能在地中海海域见到的海草，其根茎的直径只有 1 厘米，而叶子长达 1 米，生长十分缓慢，但由于其寿命很长，即使慢慢生长最后也可长到几千米长。目前，这种长寿植物已经处于濒危中，需要人类更多的关爱和保护。

另一种值得一提的是美国犹他州的一种杨树，名叫潘多树，其树林年龄已有8万余年。这里实际上不是指单独一棵树，而是针对这个树种形成的整片树林。潘多树至少在8万年前就开始萌芽了，由一棵小树苗，通过无性繁殖，发展成为面积达42万

平方米大约有5万棵树的一片古老森林，它们共用一个十分庞大的根系。经过专家勘测，这群树林重达6615吨，被认为是世界上最大的单一生物，誉为"颤抖的巨人"！

此外，在澳大利亚塔斯马尼亚岛的南部有一种小乔木叫塔斯马尼亚山龙眼，其树林年龄已有4.3万余年。该种植物是一种自然变异的三倍体，像无籽西瓜、香蕉一样不能结种子，只能通过地下根茎进行无性繁殖，衍生出绵延一千多米长的矮小林子，并

由此扩大自己的生存空间。也就是说，这片山龙眼林子相当于同一棵植物。有研究发现，该处植物化石叶的年代为4.36万年，因此，它们至少存在了4万年。美国加州南部朱鲁帕山上产的朱鲁帕橡树也靠营养繁殖，形成了一簇灌丛，包含大约70棵灌木，呈椭圆分布，长约22.86米，宽约7.32米。研究人员推断这丛灌木已1.3万岁"高龄"。不过，由于部分灌木遭白蚁侵蚀，难以精确认定"年龄"，只能估算其实际存活时间可能在5000年至3万年之间。

　　中国虽然尚未发现年龄上万的植物，但树龄几千年的古树并不罕见，尤以银杏和柏树居多。据不完全统计，全国树龄1000年以上的古银杏树有500余株，个别古树的树龄甚至超过5000年。世界上最大的银杏树生长在贵州省福泉市黄丝镇的李家湾，这棵银杏树是棵公树，树龄大约有5000—6000年（也有资料显示3000年以上），树高50米，胸径4.79米，要13个人才能围抱得过来。2001年被载入上海吉尼斯纪录，被誉为世界最粗大的银杏树。不过，该树的一代树已经死去，外围是二代树。其次是贵州长顺县天台山的"中华银杏王"，据林业专家初步鉴定树龄约为4760年。2010年上海世博会期间，联合国开发计划署执行机构所属国际信息发展组织总干事长巴瑞奥先生等国际友人对千年银杏见证华夏文明给予高度的评价，为长顺县人民政府有效保护千年古银杏树颁发了"千年发展贡献奖"，并将主银杏树命名为"中华银杏王"。

山东莒县浮来山千年古刹定林寺内的一棵银杏古树距今已有 4000 多年的历史，被称为"天下第一银杏树"，同样被载入了吉尼斯世界纪录。

　　柏树也是寿命最长的树种之一。在我国，寿命最长的柏树要数"轩辕柏"和"二将军柏"。"轩辕柏"是指陕西省黄陵轩辕庙中的"黄陵古柏"，据传为轩辕帝亲手所植。树高 20 米以上，胸围 7.8 米，树冠覆盖面积达 178 平方米，虽经历了 5000 余年的风霜，至今干壮体美、枝叶繁茂。由于世界上再无别的柏树比它年代久远，因此英国人称它是"世界柏树之父"。嵩阳书院的"二将军柏"，高 18.2 米、粗 12.54 米，是我国现存最古最大的柏树之一，树龄至少为 4500 岁，堪称"华夏第一柏"。

　　当然，关于植物的年龄计算，由于受到研究方法的局限，或多或少都存在一定误差。随着科学技术的不断更新和发展，相信未来科学家们能提供更准确的植物寿命数据，那时人们就可更加确切地知道世界上到底哪种植物、哪棵树是最长寿的了。

世界上最大和最小的花

李晓晨

关于哪种植物的花最大这个问题的答案，也许没有想象的那么简单。

有些植物的花是一朵一朵分开长在不同枝条上，另有一些植物的花则是几朵长在一起，前者称为单花，后者在植物学上叫作"花序"——花和花按照一定的秩序排列在一起。所以，上面的问题至少有两个答案：单花最大的植物是阿诺德大王花，花序最大的植物是泰坦魔芋。

说起大花草，你最先想起来的是《植物大战僵尸》游戏里满口獠牙的大王花，还是《宝可梦》里散发臭气的霸王花呢？要论还原度的话，还是后者更接近现实中的大花草。当然了，即使是最大的大花草也不会吃人。

目前已知的大花草科植物都分布在东南亚热带雨林里，其中最大的是直径超过1米的大王花（阿诺德大花草）。很难想象，这种

178

自然界中最大的花居然来自一种寄生植物。在激烈的阳光争夺战中，它们隐匿在雨林昏暗的林下，肆意挥霍着宿主植物光合作用产生的营养，仅维持数天的短暂花期给它们披上了一层神秘的面纱。

2016 年，消失在人类视野中达三十年之久的寄生花在西双版纳重现，引起了不小的轰动——这是我国唯一一种大花草科的植物。作

为热带雨林植物的典型代表，寄生花的发现再次佐证了我国的确有热带雨林的分布。

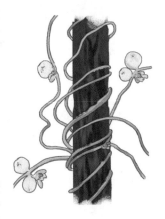

要说寄生的习性，自然界中还有很多，比如菟丝子（左图）、列当（下图）、槲寄生等等。大花草的独特之处在于，它们不仅盗取宿主的营养，甚至会"下载"宿主的基因片段，这种天然的"转基因"，能骗过宿主的免疫系统，保证大花草不被排斥，因而能长期蜗居在宿主身上，不劳而获。

大花草的发现过程还有一段颇为曲折的故事。最早的大花草标本是由法国亚太科考队的队员德尚在苏门答腊采到的，可惜由于当时英法两国正处于敌对状态，他的标本和笔记在返程途中被英国人扣押了，因此错失了这一类植物的

发表命名权。后来，英国植物学家阿诺德（Arnold）和他的发言人拉弗尔斯（Raffles）爵士也在苏门答腊地区采到了一种大王花。怎奈阿诺德在着手准备发表这种神奇植物的中途病逝，上色和最终完稿是由拉弗尔斯的妻子完成的。

这份画作和标本等材料辗转多人研究，最终由苏格兰植物学家布朗命名并发表，为了纪念阿诺德等人的贡献，这种开着巨大花朵的神奇植物的属名最终定为拉弗尔斯。之后发现的世界上最大的大王花，则被命名为 *Rafflesia arnoldii*，算是两全其美。至于倒霉的法国人德尚，他的笔记直到一百多年之后的 1954 年才得以在英国自然历史博物馆重见天日。

拥有世界上最大花序的植物泰坦魔芋，也生活在苏门答腊的雨林中，不同的是，勤劳的泰坦魔芋有绿色的叶子，能进行光合作用积攒能量，自给自足。

"泰坦"这个词在古希腊语中有巨人的意思，用在这种

魔芋身上再贴切不过：由大型的佛焰苞包裹着的肉穗花序可以长到超过 3 米的高度，上面密密麻麻长满了雌花和雄花，待其凋谢后，从地下的球茎钻出的叶片能长到 6 米以上，比两层楼还高，如同小树一般。

要驱动如此大的花序和叶片，储存能量的地下球茎也是

巨型的。据记载，爱丁堡植物园曾经栽培过一个重量达到153千克的个体。魔芋属植物的地下茎都可以食用，易产生饱腹感，在饥荒时期常常被当做救命的口粮，如今又因为热量低而被人们追捧为减肥食物。值得注意的是，这些食物都要经过研磨、煮沸等十分谨慎的处理，去除里面的草酸方可食用，万万不可生吃。实际上，天南星科的很多植物都含有类似的针晶状草酸钙，会对口腔咽喉黏膜造成刺激，这也是为什么我们在吃炒芋梗的时候，偶尔会感到麻嘴的原因。

栽培状态下的泰坦魔芋需要7—10年才能开出第一"朵"花，每次开花都是科研工作者和植物爱好者的狂欢。目前世界上仅有为数不多的植物园有过栽培成功开花的记录，其中就包括我国的北京植物园和西双版纳热带植物园。

泰坦魔芋散发出的腐臭味不那么令人愉快，而且这种气味会随着花序温度的升高而不断加重。当然，魔芋也不需要让人愉快，因为它吸引的传粉者是一些食腐的甲虫和会在腐肉中产卵的蝇类。

巨人般的泰坦魔芋却有一个"小矮人"朋友——无根萍。仅凭外表，实在很难将无根萍和泰坦魔芋归为一类。无根萍和其他一些高度退化的漂浮植物曾经被归入浮萍科，后来经过DNA分析，植物学家们又将这些浮萍视作高度变态的天南星科植物，无根萍则是其中最为极端的，它甚至没有天南星科典型的佛焰苞。

从所含有的化学物质来看，无根萍和魔芋都含有草酸钙针晶，似乎在暗示着这两类植物千丝万缕的联系。如前文提到的，无根萍可以作为鸭子和鱼类的饲料，在东南亚的一些国家，人们也会食用无根萍——当然是在煮熟去除草酸钙的前提下。

还有一些植物就更有个性了，和大部分绞尽脑汁吸引昆虫注意的植物不同，它们另辟蹊径地把自己的花藏了起来，只接待特定动物的来访，这就是看似没有花的无花果，和它所代表的一批榕属植物。它们通过为榕小蜂提供产卵和发育的场所，换取榕小蜂的传粉服务。

海岛植物不流浪：
世界上最大的种子

李晓晨

种子植物，尤其是被子植物，是现今地球上种类最丰富的植物类群。被子植物大家庭的繁盛跟它们多种多样的花朵密不可分，这些精巧的结构与动物的取食行为相得益彰，共同演化出极高的多样性。严格来说，裸子植物其实没有真正的花，它们的"花"称为孢子叶球，我们讲到"有花植物"的时候，一般是指被子植物。

自然真的非常奇妙，世界上最大的花结出的却不是最大的种子。要论最大、最重的种子，当数棕榈科的海椰子。这种长得像人类臀部的巨大种子最大直径可达近半米宽，重量达到惊人的五十斤，比饮水机和桶装水加起来还要重。

传说海椰子最初是在马尔

代夫的沙滩上被发现的，形态奇特的巨大种子让当地人将其视作珍宝。许多人以为这种植物生长在马尔代夫，然而在那里的陆地上并没有找到能产生这么大种子的植物，为了自圆其说，只好宣称海椰子是一种生长在海底的神秘植物。直到1768年，法国探险家发现了海椰子真正的产地——印度洋中西部的塞舌尔群岛。

　　植物的一生当中，几乎只在种子阶段才有机会旅行，一旦落地生根，一辈子就扎根于此了。活蹦乱跳的妙蛙种子只存在于宝可梦世界，但在现实的植物世界里，植物种子们也能通过各种巧妙的方式实现旅行的梦想。它们有的借助动物，比如我们熟悉的苍耳，能粘在路过的动物皮毛上，随动物远行；有些植物用鲜艳的色彩吸引动物进食，再随着动物的粪便排到各处；有的借助各种自然条件，比如望天树种子的"螺旋桨"能助其乘风飘浮、降落（尽管传播距离非常有限），或者如浮萍通过水流传播胞果。蕨类植物借助水流传播孢子，一些生活在海滨的大型植物也是如此，只不过它们的果实要大得多，仰仗的是更加汹涌的洋流，我们把这类植物称为海漂植物。

海椰子是不是海漂植物呢？答案是否定的，至少它不是一种成功的海漂植物。据考证，海椰子自然分布仅存在于原产地的两个小岛上，漂流到马尔代夫的海椰子只是极少数（又或者干脆是人为带过去的）。事实上，海椰子的种子由于密度太大，只有在种子发芽，内部变空之后，才能在水里浮起来。偶然漂流到其他陆地上的海椰子大多腐烂了，无法实现远距离传播。

　　和海椰子同属于棕榈科的椰子才是真正的海漂植物。基因研究表明，现在分布全球海岸线的椰子最早都来自东南亚和印度，通过洋流传播和人为引种，最终形成遍布印度洋和太平洋沿岸的分布格局。

　　海漂植物的果实外面往往裹着厚实的果皮，保护种子在长途跋涉中不受海水腐蚀和阳光暴晒。我们平时在超市看到的长着些许棕色毛发的"保龄球"，正是椰子去除了青色外果皮和纤维状中果皮之后剩下的样子。不过，这种保护能力无法维持太长的时间，想要实现远洋航行，还得依靠人类的帮助。有一种假说是南岛族人曾经将椰子拴在船尾，带着这些"天然水果罐头"漂洋过海，去往美洲和马达加斯加。没想到，看似寻常的椰子居然也承载着人类在地球上迁徙的壮阔历史。

寿命最短和最长的植物种子

田代科

全球约有35万多种植物，并非所有的植物都能开花结实，能开花结实的叫作种子植物，约占总数的60%。种子成熟离开母体后仍是有生命的，从完全成熟到丧失生命力所经历的时间，被称为种子的寿命。种子寿命的长短除了同遗传特性和自身的发育是否健全有关外，还受环境因素的影响，各类植物种子的寿命有很大差异。有些植物种子寿命很短，只有几天，甚至只有几个小时；而有些寿命很长，甚至超过2000年。在常规贮藏条件下，大家熟悉的大多数农作物种子的寿命约为1到3年。

有一种沙生植物叫梭梭，它的种子只能存活几个小时，是世界上已知寿命最短的种子。但它发芽的速度很快，只要遇到一点水，几小时内就能萌发。

梭梭是苋科梭梭属植物，一种灌木，有时长成小乔木，高1—9米，树干地径可达50厘米，种子黑色。花期5—7月，果期9—10月，分布于我国宁夏西北部、甘肃西部、青海北部、新疆、内蒙古和蒙古、俄罗斯西伯利亚等中亚国家和地区。

　　梭梭生长于沙丘、盐碱土荒漠、河边沙地等处。由于具有抗旱、耐高温、耐盐碱、耐风蚀、耐寒等诸多优良特性，在沙漠地区常可形成大面积纯林，是一种极其重要的防风固沙植物，具有"沙漠卫士"之称。梭梭有很大的生态效益，同时也是名贵的中药材。由于天然梭梭林大面积减少，它和同属的白梭梭一起被列为我国首批渐危种保护植物。2021年，梭梭被列为国家二级重点保护植物。

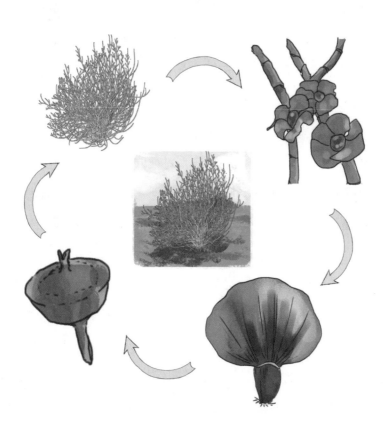

至于种子寿命最长的纪录要数莲子和海枣树种子了，究竟哪个寿命更长，还有待进一步考证。

最早研究莲子寿命的是日本植物学家大贺一郎博士，他于 20 世纪 20 年代在我国辽宁南部发现了存活 120 年以上的莲子。1951 年，他又在日本千叶县的一处遗迹中发现了 3 粒古莲子，并将其送到美国芝加哥大学进行鉴定，结果表明这些莲子年龄在 2000 年以上。大贺博士将其中一粒播种萌发，并培育成如今著名的日本古代莲"大贺莲"，该莲于次年开花，当时被誉为"世界最古老的花"，此莲子也成了世界上寿命最长的种子。

1953 年，有人将辽宁新金县普兰店（今大连市普兰店区）莲花泡土层中发现的 5 粒古莲子送到中国科学院北京植物所古植物研究室的徐仁教授手中，经过实验室处理，播种后都萌发开花，并成功结实。经过放射性同位素碳 14 测定，这些古莲子的年龄最长为 1300 年左右。后来，古莲子在辽宁普兰店还不断被发现，培育成苗，取名"普兰店古莲"被推广栽培。

莲子为何寿命会这么长呢？可以从几个方面解释：首先，莲子实际是一种小坚果，果皮干后特别坚硬，构成一堵不透气、不渗水的"墙"，内包含一粒种子，种子同外界环境隔绝，在低水分、低氧条件下，可以长期保持生命力"长眠"；其次，莲子含有丰富的抗氧化物质（抗坏血酸和谷胱甘肽等化合物），这些也是保持种子长寿的重要物质条件；其三，古莲子通常被埋在 0.6 米以下的泥炭层中，土壤温度平均在 10℃，泥炭层氧含量非常低。这些特殊的外界条件对长期维持种子的活力也起到重要的作用。

说到世界上最长寿的植物自然不能漏了海枣，它又叫枣椰子、波斯枣、伊拉克枣等，是棕榈科刺葵属一种乔木，高达 35 米，结簇生的枣子。海枣产于亚洲西部和非洲北部，是干热地区重要果树作物之一，伊拉克有大面积栽培。在美国加利福尼亚州、印度、我国南方各省也有种植。

2005 年，以色列科研工作者成功使一颗具有 2000 年以上年龄的海枣树种子发芽并茁壮成长。据报道，这颗海枣树种子是 30 年前，对古代山地要塞马察达的一次考古挖掘中出土的，被认为是所有发芽种子中历史最为古老的一颗。这一成绩可能会被证实具有更为重大的意义，而远不止是让一颗沉睡了数千年的种子"复活"那么简单。研究人员通过进一步分析，希望能从该植株中发现一些现代植物所不具备的药用价值。

谁是世界上最臭的花？

田代科

提起花儿，人们总是想到美丽和芬芳，如我们熟悉的桂花、栀子花、含笑、九里香、茉莉花、金银花、兰花等。然而，世上也有另类花，虽然外观看起来不错，甚至很美丽或奇特诱人，但却不讨人喜爱，甚至惹人讨厌，因为它们散发出难闻的气味，有的甚至奇臭无比。世界上气味不好闻的花还真不少，但哪种花的气味最难闻呢？以下给大家介绍几种气味难闻的花朵，至于哪种花的气味最臭，由于人的嗅觉偏好可能存在差异，只能自己闻闻后才知道。

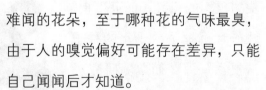

巨魔芋，为天南星科魔芋属植物，因其花朵形体巨大而得名，又称"尸花""尸臭魔芋""泰坦魔芋"。巨魔芋的地下块茎为多年生，直径可达65厘米，最重可超过100千克；叶柄长

通常为3—4米，叶片直径超过5米，覆盖面积大于20平方米。巨魔芋的花序开放时，散发出刺鼻的尸臭味，通过模拟刚死去动物的尸臭吸引食腐昆虫来帮助自己授粉。此外，花朵温度大大高于周围环境温度，可达到38摄氏度，释放的热量能把臭味散布到更远的地方。

大王花是大花草科、大花草属约20种肉质寄生草本植物的统称。它们只有一朵巨大而坚韧、洒满斑点的五个花瓣的花，没有任何枝叶和叶绿素，因此无法进行光

合作用，只能靠寄生于植物的根、茎或枝条上吸收营养维持生命。大王花生长在马来西亚、印度尼西亚的爪哇、苏门答腊等热带雨林中，直径通常在100厘米左右，最大可达140厘米，因此被称为世界上最大的花，有"世界花王"的美誉。大王花不仅以花朵巨大而闻名，还以气味恶臭著称。它一生只开一朵花，花期只有约一周的时间。花苞绽放初期有香味，之后会散发刺激性的腐臭气味，因此有"腐尸花"的别名。花粉散发出的恶臭可以招来苍蝇等食腐动物为其授粉。由于人类对热带雨林的采伐，大王花的生长环境越来越差，数量急速减少，目前该物种已被世界自然保护联盟列入濒危物种。

领带兰，因其大而长带状形似领带的下垂叶片而得名，又叫蝴蝶石豆兰、领带石豆兰，为石豆兰属中的珍稀物种，

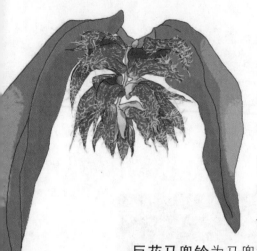

属于附生兰花，是本属中最大的植物之一，叶长可达 1.3 米。它们生长在新几内亚、印度尼西亚等地。花序有花 15—30 朵，表面多乳突，花期长约 10 天，开放时会散发出腐肉的气味，吸引帮助授粉的苍蝇。尽管花的气味难闻，但却被广泛栽培用于观赏。

巨花马兜铃为马兜铃科大型木质藤本常绿植物，长可达 10 米，有着美丽而怪异的花朵，因其花朵特大，成熟的果实像挂在马脖子下的铃铛而得名。它与猪笼草、捕蝇草等食虫植物不同，不仅捕捉昆虫，还能养着昆虫，使昆虫帮助其传粉。巨花马兜铃的花朵基部有一个膨大的囊，囊中藏有雌蕊和雄蕊，但雌蕊先于雄蕊一天成熟，因此必须靠昆虫进行异花授粉。花朵散发的怪异味道和花瓣的斑点能引诱昆虫进入囊中，由于囊内壁布满倒毛，因此昆虫一旦进入囊中就会失去自由。雄蕊成熟后花药破裂散出花粉，这时花朵内壁的倒毛萎缩变软，全身沾满花粉的昆虫得以飞离，飞向另一朵刚刚开放的花，将花粉传到柱头上从而完成授粉。

白星海芋，是天南星科的一种常绿草本植物，原产于欧洲以及西亚地区。它的花朵巨大而优美，具有很高的观赏价值，

但开花时间极短，因此要想一睹其盛开的景象并不容易。也许你也并不想见到它，因为白星海芋的花朵总是散发出一股腐肉或者臭袜子的味道，堪称世界最难闻的花之一。然而，这种难闻气味可以吸引大苍蝇为其传粉。当大苍蝇飞到白星海芋巨大的花上时，花朵将其捕获并困于花中一整夜。第二天，白星海芋的花朵才会张开，将粘满花粉的大苍蝇释放。当带有花粉的大苍蝇飞临第二株白星海芋花朵之上时，传粉任务就完成了。

其实，我国也有不少种类的花味道难闻，有的甚至奇臭无比，如疣柄魔芋、油麻藤及菊三七属植物的花可算是几种最难闻的了。此外，还有兰花蕉属的一些种类、马兜铃属的部分种类、天南星科的犁头尖属（如独角莲）、茜草科的鸡矢藤、豆科的榼藤（俗称眼镜豆）、木犀科丁香属的暴马丁香、伞形科的阿魏、马鞭草科大青属的臭牡丹，等等。

疣柄魔芋，为单子叶植物纲天南星科魔芋属植物，分布于我国广西、云南、广东等地以及泰国、越南等南亚国家。它们生长于海拔1000米以下的灌丛、江边草坡及荒地。疣柄魔芋叶柄高大粗壮，花大而奇特，突露地面，呈倒立的古钟状，外被佛焰苞。"疣柄"二字取自它有"疣"突的花序柄和叶柄，"魔芋"是跟随家族的传统称呼。它还有个不讨人喜欢的名字——尸花，源于它开花后短短的几个小时内发出腐尸般的臭味，令人难以忍受，也因此无法成为家庭观赏植物。国产魔芋属大部分种类的花都难闻，仅个别种为芳香型。

菊三七属植物属于菊科，约40种，花多为黄色，主要分布在亚洲地区，中国有10种，主产于南部、西南部及东南部。其中的红凤菜、菊三七、木耳菜、尼泊尔菊三七、白子菜、平卧菊三七等都是营养丰富的食用蔬菜，具有很强的药用及保健开发潜力。菊三七属植物不仅含有丰富的生物碱、萜烯及黄酮类等有效化学成分，还富含氨基酸、粗蛋白及维生素等营养成分。然而，菊三七属中含有某种生物碱，有肝毒性，不宜多食，有大量因食用而中毒的病例。红凤菜很多人都熟悉，它又叫红背菜、紫背菜、紫背天葵、血皮菜、观音菜、观音苋、当归菜等，以嫩茎叶入菜，多凉拌或炒食，美味可口。该种原为华南地方野菜，现已经作为新品种蔬菜在全国推广。该属除了多种植物作为蔬菜外，紫绒三七（又称紫鹅绒）因其叶色美丽，被作为盆栽观赏植物栽培推广。只可惜该属花的气味十分难闻，与臭袜子的味道无异。在温室只要种上一株，开花时的臭味会弥漫整个室内空间，令人敬而远之。

油麻藤的花气味强烈，盛开时远远就能闻到一股刺鼻的难闻怪味。作为一种很好的木质藤本观赏植物，它四季常绿，花从老茎上长出，成串下垂，紫黑色，多而美丽，被广泛栽培，作为绿篱或走廊遮阴，但因其花散发出的怪味阻挡了一批游客，甚至有人因此花难闻的气味向当地园林管理部门投诉。近似种类还有白花油麻藤，又叫雀儿花、禾雀花等，在中国科学院华南植物园有大量栽培，连同常春油麻藤一道，盛开时举办雀儿花节，吸引众多游客来参观。

当然，植物花的气味是否难闻存在一定的相对性。一种花对某些人来说可能好闻，但对另外一些人来说也许并不觉得宜人。另外，人的嗅觉能逐渐适应某种不好的气味，例如很多人开始很不习惯吃榴莲、鱼腥草和芫荽（香菜），但尝试的次数多了，觉得越吃越好吃、越吃越喜欢，原来的"臭味"就逐渐变成"香味"了。

最大的食肉植物：
马来王猪笼草

李晓晨

　　什么是植物？无论是在中小学的自然课上，又或者大学的生物学课程中，这都是一个十分初级，却又很难回答的问题。依靠模糊的记忆，很多人或许会说能进行光合作用、不能移动的生物叫植物。诚然，生活中常见的植物大多属于这类。但是，在浩瀚的植物界里，还有一些植物另辟蹊径，有的寄生在其他植物上，窃取养分，维持生计；有的迫于生长环境的高温和大量雨水冲刷、土壤中的氮素含量低，为了获取足够的氮素，走上猎杀动物的道路，比如这里要介绍的世界上最大的食肉植物——马来王猪笼草。

　　马来王猪笼草得名于其大型的捕食笼，这个笼子其实是由叶片特化形成的变态叶，可达到 41 厘米长，20 厘米宽，里面可容纳超过 2.5 升消化液，为世界食肉植物之最。猪笼草并无法追捕小动物，它们通过布设陷阱的方式守株待兔。连接笼子与叶片先端之间的结构具有一定的攀附功能，能将这些陷阱布设在林下，再加上大量分泌的蜜液，一套陷阱便制作完成，等待倒霉鬼自投罗网。细心的你可能会问，那这圈像马桶圈一样的结构是做什么用的呢？这个马桶圈还真就是个马桶圈。听上去挺重口味的，马来王猪笼草为了提高摄取养分的效率，在捕捉小动物之余，居然还充当了一些哺乳动物（如山地树鼩）的马桶，通过摄取其排泄物中的氮素为生。

不同于捕蝇草在猎物进入陷阱后将其抓住，猪笼草的盖子不会在猎物落入囊中后关闭，这个盖子只是起到遮挡雨水、防止充沛的热带降水稀释消化液浓度的作用。对马来王猪笼草最大的误解，或许是有关它能够捕食猴子等体型较大的哺乳动物的流言，事实正相反，猴子有时候还会撕开笼子，夺取猪笼草的战利品。

凭借这一手捕食本领，马来王猪笼草在生境严酷、竞争激烈的热带高山地区争得了一席之地。与此同时，这种特殊的习性也招致了一些不法分子的盗采，导致野生种群规模严重缩小。经过植物学家、园艺学家以及极富耐心与创造力的爱好者的不懈努力，现在我们能在市场上看到各种各样的猪笼草属品种。

栽培最广的活化石树

田代科

中国有几种树被誉为植物王国的"活化石"而闻名全球，如银杏、水杉、珙桐、银杉等，其中银杏和水杉应是全球栽培最广的活化石树了。

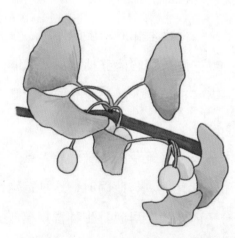

银杏，又名白果、公孙树，是一种高大落叶乔木，特产于中国。现存的银杏是古老的银杏家族唯一幸存下来的成员，也是世界上现存最古老的树种之一。通过种群遗传结构和动态历史模拟分析，我国浙江大学的科学家鉴定出银杏的 4 个古老遗传分别存在于中国的 3 个"避难所"：以浙江省天目山为代表的东部种群，以贵州省务川县、重庆市金佛山为代表的西南部种群，和以广东省南雄市、广西壮族自治区兴安县为代表的南部种群。目前，遍布全球的银杏几乎均源自以浙江天目山种群为代表的中国东部种群，以此推断出只有这里的银杏才是野生状态。

除了作为药用和优良木材，银杏更是一种优良的观赏树种，不仅树形挺拔优美，秋季满树金黄色的叶片更是无人不爱，因此，银杏被普遍作为行道树和庭院景观树种，在世界各地广泛栽培，年龄数百年到数千年的古银杏树不计其数。尤其在中国、日本和朝鲜半岛，几乎所有的城市、公园和寺庙都可见其踪影；欧美、大洋洲等代表性的植物园和公园也常有银杏栽培，可见银杏栽培历史之久、栽培范围之广了。

提到广泛栽培的"活化石"树种，另一个绝对不能忘记的就是水杉了。虽然它发现得很晚，人工栽培历史也短，但除了在中国各地栽培外，世界上很多其他国家都有引种，栽培总面积也很大。

水杉为杉科、水杉属的唯一树种，它的发现充满了传奇。1941 年，日本三木茂博士发表论文，发现了水杉的化石，并断言这种植物早已经灭绝。然而不久，活水杉就被我国科学家发现。1941 年冬天，原中央大学森林系教授干铎在去重庆的路上，途经万县磨刀溪村（今属湖北省利川市谋道镇），发现路旁有一株似杉非杉、似松非松的参天古树，高足有 30 多米，当地群众称之"水杉"。附近的土家族、苗族人一直把它当成"神树"祭拜，终年披红挂彩。1943 年夏天，原中央林业实验所的王战去磨刀溪察看那株水杉树，并采集到一枝比较完整的枝叶标本，给标本定名为水松。1945 年，技术员吴中伦去王战先生处，得到了一份不完整定名为水松的标本，转交给松柏科专家郑万钧，后者当即认定该标本是介于杉科和柏科之间的新种，后经胡先骕确认是原以为早已灭绝的水杉。两人与美国加州大学钱耐教授沟通后，正式确定名称为"水杉"，并于 1948 年联名发表了《水杉新科及生存之水杉新种》论文。

水杉的发现一经发表，立刻引起国际植物学界的轰动和关注，多国科学家纷纷前来我国考察。迄今为止，有近 100 个国家和地区的科学家前来研究，并且水杉被 50 多个国家和地区引种，几乎遍布各大洲。

水杉和红杉亚科的其他成员一样，1 亿 3 千万年前诞生于地球的北极圈附近。此后大约在新生代中期，地球气候地质变迁，水杉逐渐分布到欧、亚、美三洲。经过第四纪特大冰川，水杉和北美的亲戚们分道扬镳，几乎全部绝灭，只剩归隐于我国湘鄂渝交界山地的少数个体存活下来，包括湖北省利川市、重庆市万县（今重庆市万州区）、石柱县和湖南省龙山县、桑植县等地，均有 300 年以上树龄的古水杉树。

其中，利川谋道镇的一株被视为水杉之王，树龄约600年，株高35米，胸径2.5米；湖南龙山县的一株古水杉，高46米，为已知最高的一株。

水杉的树干笔直挺拔，树形呈狭长圆锥形，十分优美，是一种十分优良的行道树和景观树种，加上它和银杏、苏铁等植物一起，常常被当成"活化石"，使其更显珍贵，并逐渐成为国际友谊的象征。在爱尔兰中部的奥法利郡有一个名叫比尔城堡的私人庄园，里面种植有1500多种第二次世界大战之前从中国采集来的植物，其中就有水杉。1945年，水杉在中国刚被发现不久，我国植物学家胡先骕两次邮寄水杉种子给迈克尔伯爵，这个城堡的土地上终于长出了一棵珍贵的水杉树，这也是爱尔兰的第一棵水杉树。1972年我国曾将2千克水杉树种子作为礼物赠给朝鲜，代表中朝友谊；1978年2月邓小平赠送给尼泊尔两株水杉苗，并亲手种植在皇家公园，尼泊尔人民称其为"尼中友谊树"；1980年10月中美联合考察水杉王后，美国前总统尼克松将自己的游艇命名为"水杉号"……水杉早已成为了"绿色外交与和平的使者"。

水杉在1984年被列入国家首批重点保护的珍稀濒危植物目录之中；1999年列入《中国国家重点保护野生植物（第一批）》I级保护名录；2013年列入《世界自然保护联盟濒危物种红色名录》（极危级）。国家设立自然保护区对水杉予以重点保护。1992年还专门发行了一套珍贵杉树邮票系列，其中就有水杉。1983年，水杉被武汉市定为市树；2017年

9月被湖北省潜江市确定为市树。

江苏省邳州市境内邳苍公路的40千米水杉路，是世界现存最长的水杉带，被誉为"天下水杉第一路"，蔚为壮观。湖北省潜江市江汉油田广华水杉公园种植1.5万株水杉，面积300余亩。江苏省金湖县水上森林公园（也叫嵇圩林场）有人工水杉林1.1万多亩，以水杉、池杉、杨树等树种为主，但究竟有多少棵水杉，可能无从知晓。这些地方也都是欣赏水杉壮观景象的好去处！

植物名称索引

植物与环境		
冰川边绽放： 冰缘带的植物	柳树（柳属）	*Salix*
	青藏垫柳（矮柳）	*Salix opsimantha*
	垫状点地梅	*Androsace tapete*
	绵参	*Eriophyton wallichii*
	塔黄	*Rheum nobile*
	绿绒蒿属	*Meconopsis*
风沙烈日之下： 荒漠里的植物	仙人掌	*Opuntia dillenii*
	巨人柱	*Carnegiea gigantea*
	沙漠玫瑰属	*Adenium*
	芦荟属	*Aloe*
	夹竹桃科	Apocynaceae
	龙舌兰属	*Agave*
	佛肚树（瓶干树）	*Jatropha podagrica*
	龟甲龙	*Dioscorea elephantipes*
	薯蓣科	Dioscoreaceae
	毛沙铃花	*Phacelia demissa*
	拟醉蝶花	*Cleomella palmeriana*
海水再咸也不怕： 红树	红树	*Rhizophora apiculata*
	红树科	Rhizophoraceae
没有阳光也能生长： 洞穴植物	桫椤（树蕨）	*Alsophila spinulosa*
	鹿角蕨	*Platycerium wallichii*
	肾蕨	*Nephrolepis cordifolia*
	鸟巢蕨	*Asplenium nidus*
	金毛狗脊（金毛狗）	*Cibotium barometz*
	秋海棠属	*Begonia*
漂洋过海来看你： 栽培植物	西瓜	*Citrullus lanatus*
	番杏	*Tetragonia tetragonioides*
	阿月浑子（开心果）	*Pistacia vera*
	向日葵	*Helianthus annuus*
	甘薯（番薯、地瓜、红薯）	*Dioscorea esculenta*
	紫苜蓿	*Medicago sativa*
	葡萄	*Vitis vinifera*
	石榴	*Punica granatum*

	玉米（玉蜀黍）	*Zea mays*
	马铃薯（土豆）	*Solanum tuberosum*
	落花生（花生）	*Arachis hypogaea*
	辣椒	*Capsicum annuum*
	番茄	*Lycopersicon esculentum*
	菠萝	*Ananas comosus*
	可可	*Theobroma cacao*
	紫茉莉	*Mirabilis jalapa*
	含羞草	*Mimosa pudica*
漂洋过海来"害"你： 入侵植物	毒麦	*Lolium temulentum*
	豚草	*Ambrosia artemisiifolia*
	紫茎泽兰	*Ageratina adenophora*
	葛	*Pueraria montana*
	乌桕	*Triadica sebifera*
	大花须芒草	*Andropogon gerardii*
	女贞	*Ligustrum lucidum*
	空心莲子草（水花生、 革命草、喜旱莲子草）	*Alternanthera philoxeroides*
	凤眼蓝（水葫芦）	*Eichhornia crassipes*
	加拿大一枝黄花	*Solidago canadensis*
	一年蓬	*Erigeron annuus*
	互花米草	*Spartina alterniflora*
盛宴和狂欢： 雨林里的植物	黄娑罗双	*Shorea faguetiana*
	北美红杉	*Sequoia sempervirens*
	榕属	*Ficus*
	大花草属	*Rafflesia*
能"死去活来"的植物： 还魂草	卷柏（还魂草）	*Selaginella tamariscina*
	垫状卷柏	*Selaginella pulvinata*
	卷柏属	*Selaginella*
	苦苣苔科	*Gesneriaceae*
	珊瑚苣苔属	*Corallodiscus*
	旋蒴苣苔属	*Dorcoceras*
	喉凸苣苔属	*Haberlea*
	含生草（风滚草）	*Anastatica hierochuntica*
	十字花科	*Brassicaceae*

太空归来后的 华丽变身	辣椒	*Capsicum annuum*
	苹果	*Malus pumila*
	番茄（西红柿）	*Lycopersicon esculentum*
	马铃薯（土豆）	*Solanum tuberosum*
	茄子	*Solanum melongena*
	南瓜	*Cucurbita moschata*

植物与动物

"健忘"的松鼠 与幸存的松子	红松	*Pinus koraiensis*
大眼睛与蓝种子： 旅人蕉与狐猴协同演 化的故事	旅人蕉	*Ravenala madagascariensis*
	鹤望兰科	*Strelitziaceae*
不断生长的绿色大厦	蚁蕨属	*Lecanopteris*
当心！"恶魔之爪" 来了	角胡麻科	*Martyniaceae*
欺骗雄蜂的兰花	蜂兰属	*Ophrys*
	黄蜂兰	*Ophrys insectifera*
	蚁兰属	*Chiloglottis*
交嘴雀与针叶树的矛 与盾之战	扭叶松（黑松）	*Pinus contorta*
	云杉属	*Picea*
会"怀孕"的植物： 榕属植物与榕小蜂的 "高级"共生	榕属	*Ficus*
桑寄生与啄花鸟的"百 年好合"	桑寄生属	*Taxillus*
鼠尾草的"跷跷板"	鼠尾草属	*Salvia*
	鼠尾草	*Salvia japonica*
	蓝花鼠尾草	*Salvia farinacea*
反杀动物的植物们	茅膏菜属	*Drosera*
	捕蝇草	*Dionaea muscipula*
	猪笼草科	*Nepenthaceae*
	猪笼草属	*Nepenthes*

植物与人类

不远万里而来的美食： 红薯	红薯（番薯、山芋、地瓜）	*Ipomoea batatas*

改变世界的甜味之源：甘蔗	甘蔗属	*Saccharum*
	野生甘蔗	*Saccharum officinarum*
	甜根子草	*Saccharum spontaneum*
	竹蔗	*Saccharum sinense*
	细秆甘蔗	*Saccharum barberi*
大米怎么变色了？	水稻	*Oryza sativa*
咖喱飘香：姜科植物	姜科	*Zingiberaceae*
	姜黄	*Curcuma longa*
	姜	*Zingiber officinale*
	小豆蔻	*Elettaria cardamomum*
	高良姜	*Alpinia officinarum*
	沙姜（山柰）	*Kaempferia galanga*
	豆蔻（爪哇白豆蔻）	*Amomum compactum*
	豆蔻（白豆蔻）	*Amomum kravanh*
"令人厌恶"的薇甘菊	薇甘菊	*Mikania micrantha*
疟疾的克星：青蒿与青蒿素	黄花蒿（青蒿）	*Artemisia annua*
奇妙的软黄金：棉花	陆地棉（棉花）	*Gossypium hirsutum*
	锦葵科	*Malvaceae*
	棉属	*Gossypium*
世界油王：油棕	油棕	*Elaeis guineensis*
辛辣之王：辣椒	辣椒	*Capsicum annuum*
	浆果状辣椒（飞碟椒）	*Capsicum baccatum*
	灌木状辣椒（小米椒）	*Capsicum frutescens*
	绒毛辣椒	*Capsicum pubescens*
	黄灯笼辣椒	*Capsicum chinense*
	胡椒	*Piper nigrum*
植物与文化		
植物寓意知多少	柑橘（橘子）	*Citurs reticulata*
	佛手柑	*Citrus medica* 'Fingered'
	君子兰	*Clivia miniata*
	瓜栗（巴拿马栗、发财树）	*Pachira aquatica*
	菜豆树（幸福树）	*Radermachera sinica*
	富贵竹	*Dracaena sanderiana*
	迎春	*Jasminum nudiflorum*

	山茶属	*Camellia*
	梅花	*Prunus mume*
	牡丹	*Paeonia suffruticosa*
	荷花	*Nelumbo nucifera*
	菊花	*Chrysanthemum × morifolium*
	月季（蔷薇属）	*Rosa*
	康乃馨	*Dianthus caryophyllus*
	唐菖蒲	*Gladiolus hybridus*
那些代表国家形象的花卉	红花羊蹄甲（紫荆花）	*Bauhinia × blakeana*
	荷花	*Nelumbo nucifera*
	郁金香	*Tulipa gesneriana*
	'卓锦'万代兰	*Vanda* 'Miss Joaquim'
	母菊	*Matricaria chamomilla*
	红蔷薇	*Rosa gallica*
	白蔷薇	*Rosa × alba*
	蓝色矢车菊（蓝花矢车菊）	*Cyanus segetum*
	香根鸢尾	*Iris pallida*
	大丽花	*Dahlia pinnata*
	樱	*Prunus × yedoensis*
	毒豆（金链花）	*Laburnum anagyroides*
	樱花（李属，原樱属）	*Prunus*（原 *Cerasus*）
	朱槿	*Hibiscus rosa-sinensis*
	黄花风铃木（金凤铃）	*Handroanthus chrysanthus*
	缅栀子（鸡蛋花）	*Plumeria rubra*
	金合欢	*Acacia farnesiana*
植物与佛教的关系	银杏	*Ginkgo biloba*
	柏木（柏树）	*Cupressus funebris*
	罗汉松	*Podocarpus macrophyllus*
	橡皮树	*Ficus elastica*
	桃（桃树）	*Prunus persica*
	石榴	*Punica granatum*
	菩提树	*Ficus religiosa*
	高山榕	*Ficus altissima*

	贝叶棕	*Corypha umbraculifera*
	槟榔	*Areca catechu*
	糖棕	*Borassus flabellifer*
	亚洲莲（荷花、莲花）	*Nelumbo nucifera*
	文殊兰	*Crinum asiaticum* var. *sinicum*
	黄姜花	*Hedychium flavum*
	缅栀子（鸡蛋花）	*Plumeria rubra*
	白兰花（缅桂花）	*Michelia × alba*
	地涌金莲	*Musella lasiocarpa*
中国传统节日离不开的植物	艾（艾草）	*Artemisia argyi*
	菖蒲	*Acorus calamus*
	箬竹	*Indocalamus tessellatus*
	芦苇	*Phragmites australis*
	桂花	*Osmanthus fragrans*
	茱萸	*Cornus officinalis*
	蜡梅	*Chimonanthus praecox*
	水仙	*Narcissus tazetta*
	金橘（金桔）	*Citurs japonica*
	蝴蝶兰	*Phalaenopsis aphrodite*
	君子兰	*Clivia miniata*
	大花蕙兰	*Cymbidium hybrid*
	仙客来	*Cyclamen persicum*
	红掌	*Anthurium andraeanum*
	荠菜	*Capsella bursa-pastoris*
三个原生于中国的国际和平使者：银杏、水杉、珙桐	银杏	*Ginkgo biloba*
	水杉	*Metasequoia glyptostroboides*
	珙桐	*Davidia involucrata*
四叶草真的能带来好运吗？	红车轴草（红三叶、红花三叶草）	*Trifolium pratense*
	白花车轴草（白三叶、白花三叶草）	*Trifolium repens*
	苜蓿属	*Medicago*
	白花酢浆草	*Oxalis acetosella*

	酢浆草	*Oxalis corniculata*
	钝叶车轴草	*Trifolium dubium*
植物名字从哪儿来？	光棍树	*Euphorbia tirucalli*
	卷柏（还魂草）	*Selaginella tamariscina*
	火龙果	*Hylocereus undatus*
	王莲属	*Victoria*
	亚马逊王莲	*Victoria amazonica*
	克鲁兹王莲	*Victoria cruziana*
	长木王莲	*Victoria* 'Longwood'
	楤木（鸟不宿）	*Aralia chinensis*
	睡莲属	*Nymphaea*
	猴面兰	*Dracula rezekiana*
	火棘（救军粮）	*Pyracantha fortuneana*
	皂荚	*Gleditsia sinensis*
支撑着故宫的千根楠木	楠属（楠木）	*Phoebe*
	紫楠	*Phoebe sheareri*
	桢楠	*Phoebe zhennan*
	闽楠	*Phoebe bournei*
那些与花儿同名的歌	茉莉（茉莉花）	*Jasminum sambac*
	兰属（兰花草）	*Cymbidium*
	春兰	*Cymbidium goeringii*
	羽扇豆（鲁冰花）	*Lupinus polyphyllus*
	桃（桃花）	*Prunus persica*
	牡丹	*Paeonia suffruticosa*
	映山红	*Rhododendron simsii*
	夜来香	*Telosma cordata*
	栀子花	*Gardenia jasminoides*
	木槿	*Hibiscus syriacus*

植物之最

世界上最高的植物	巨杉	*Sequoiadendron giganteum*
	北美红杉	*Sequoia sempervirens*
宰相肚里能撑船：世界上最粗的树	墨西哥落羽杉	*Taxodium mucronatum*
	水松	*Glyptostrobus pensilis*
	日本柳杉	*Cryptomeria japonica*
	猴面包树	*Adansonia digitata*

	北美红杉	*Sequoia sempervirens*
	王桉	*Eucalyptus regnans*
	望天树	*Parashorea chinensis*
世界上最长寿的植物	欧洲云杉	*Picea abies*
	波西多尼亚海草	*Posidonia oceanica*
	颤杨（潘多树）	*Populus tremuloides*
	塔斯马尼亚岛山龙眼	*Lomatia tasmanica*
	朱鲁帕橡树	*Quercus palmeri*
	银杏	*Ginkgo biloba*
	柏木（柏树）	*Cupressus funebris*
世界上最大和 最小的花	大花草（阿诺德大花草、 大王花）	*Rafflesia arnoldii*
	巨魔芋（泰坦魔芋）	*Amorphophallus titanum*
	大花草科	*Rafflesiaceae*
	寄生花属	*Sapria*
	寄生花	*Sapria himalayana*
	槲寄生	*Viscum coloratum*
	菟丝子	*Cuscuta chinensis*
	列当	*Orobanche coerulescens*
	无根萍	*Wolffia globosa*
	浮萍	*Lemna minor*
	苹（蘋）	*Marsilea quadrifolia*
	满江红	*Azolla pinnata* subsp. *asiatica*
	无花果	*Ficus carica*
	榕属	*Ficus*
海岛植物不流浪： 世界上最大的种子	海椰子	*Lodoicea maldivica*
	望天树	*Parashorea chinensis*
	椰子	*Cocos nucifera*
寿命最短和最长的植 物种子	梭梭	*Haloxylon ammodendron*
	莲属（莲子）	*Nelumbo*
	海枣	*Phoenix dactylifera*
谁是世界上 最臭的花？	巨魔芋（泰坦魔芋）	*Amorphophallus titanum*
	大花草属（大王花）	*Rafflesia*
	领带兰	*Bulbophyllum phalaenopsis*

	巨花马兜铃	*Aristolochia gigantea*
	白星海芋	*Helicodiceros muscivorus*
	疣柄魔芋	*Amorphophallus paeoniifolius*
	菊三七属	*Gynura*
	红凤菜（红背菜）	*Gynura bicolor*
	油麻藤	*Mucuna sempervirens*
最大的食肉植物：马来王猪笼草	马来王猪笼草	*Nepenthes rajah*
栽培最广的活化石树	银杏	*Ginkgo biloba*
	水杉	*Metasequoia glyptostroboides*

图书在版编目（CIP）数据

四叶草真的能带来好运吗：植物的奥秘 / 田代科主编.
—上海：上海科技教育出版社，2022.1
（尤里卡科学馆）
ISBN 978-7-5428-7597-6

Ⅰ.①四… Ⅱ.①田… Ⅲ.①植物—青少年读物
Ⅳ.①Q94-49

中国版本图书馆CIP数据核字（2021）第 194018 号

责任编辑　程　着
装帧设计　李梦雪

 尤里卡科学馆

四叶草真的能带来好运吗
——植物的奥秘

本册主编　田代科
本册插图　田宇琪
编 写 组　陈　彬　　陈纪云　　葛斌杰　　黄　秀　　胡　超　　林秀雅
　　　　　刘阿梅　　李晓晨　　商　辉　　孙加芝　　王红霞　　王晓申
　　　　　唐世梅　　仝团团　　郗　旺　　严　靖　　易逸瑜　　张建行
　　　　　郑敏敏　　钟　鑫

出版发行　上海科技教育出版社有限公司
　　　　　（上海市闵行区号景路 159 弄 A 座 8 楼　邮政编码 201101）
网　　址　www.sste.com　　www.ewen.co
经　　销　各地新华书店
印　　刷　上海中华印刷有限公司
开　　本　720×1000　1/16
印　　张　14.25
版　　次　2022 年 1 月第 1 版
印　　次　2022 年 1 月第 1 次印刷
书　　号　ISBN 978-7-5428-7597-6/N·1133
定　　价　68.00 元